中国大气臭氧污染防治蓝皮书

（2023 年）

中国环境科学学会臭氧污染控制专业委员会　编著

科学出版社

北 京

内 容 简 介

本书系统梳理了现阶段我国臭氧污染科学研究和防控实践中取得的新认识与新进展。内容涵盖我国臭氧污染问题的现状与演变、臭氧污染的成因与来源、臭氧及其前体物防控技术进展、我国典型区域和城市臭氧污染防治的实践经验、我国臭氧污染防治的策略和路径等，共 6 章内容。

本书可为政府部门、相关企业及从事相关政策制定、管理决策和咨询研究的人员提供参考，也可供高等院校相关专业师生及对大气臭氧污染研究感兴趣的读者学习。

图书在版编目（CIP）数据

中国大气臭氧污染防治蓝皮书. 2023 年 / 中国环境科学学会臭氧污染控制专业委员会编著. —北京：科学出版社，2024.3

ISBN 978-7-03-078184-0

Ⅰ. ①中… Ⅱ. ①中… Ⅲ. ①臭氧－空气污染－污染防治－研究报告－中国－2023 Ⅳ. ①X511

中国国家版本馆 CIP 数据核字（2024）第 056156 号

责任编辑：李明楠 / 责任校对：杜子昂
责任印制：赵　博 / 封面设计：图阅盛世

科 学 出 版 社 出版
北京东黄城根北街 16 号
邮政编码：100717
http://www.sciencep.com
北京建宏印刷有限公司印刷
科学出版社发行　各地新华书店经销
*
2024 年 3 月第　一　版　　开本：720 × 1000　1/16
2025 年 8 月第二次印刷　印张：10 3/4
字数：217 000
定价：108.00 元
（如有印装质量问题，我社负责调换）

支 持 单 位

《中国大气臭氧污染防治蓝皮书（2023 年）》编写组

主　　编：张远航

执行主编：胡建林　郑君瑜　李　歆

指导专家组（按姓氏汉语拼音排序）：

柴发合　陈长虹　冯银厂　龚山陵　廖　宏　刘　欣　刘文清
邵　敏　王自发　严　刚

核心编写成员（按姓氏汉语拼音排序）：

柴文轩　胡京南　黄　成　李　红　陆克定　王红丽　薛丽坤
袁自冰

参与编写成员（按姓氏汉语拼音排序）：

安　聪	安静宇	毕　方	车　祥	陈多宏	邓积光	董　励
冯兆忠	伏晴艳	高　阳	宫继成	郭　敏	何建军	侯诗宇
胡磬遥	黄　昕	黄继章	黄志炯	纪　亮	纪元元	李　杰
李　柯	李　楠	李海玮	李云凤	廖文玲	林燕芬	刘　嘉
刘　巍	刘保献	楼晟荣	卢　骁	马雪飞	马玉芳	宁　淼
秦墨梅	沙青娥	单玉龙	师耀龙	沈　劲	宋梦迪	谭钦文
谭照峰	唐　伟	田俊杰	王　帅	王　哲	王海潮	王晓彦
王彦超	王宗爽	毋振海	谢晓栋	袁　斌	张　霖	张　鑫
张钢锋	张宏亮	张诗海	张玉洁	赵恺辉	郑　博	郑　伟
朱媛媛						

目　录

执　行　摘　要

随着《大气污染防治行动计划》（简称"大气十条"）和《打赢蓝天保卫战三年行动计划》的实施，我国空气质量持续改善，特别是一次污染物浓度持续降低。但是，以臭氧（O_3）和二次颗粒物为代表的二次污染日益凸显，全国及重点区域 O_3 污染问题呈加剧态势，且具"时间长、范围大"的特征。在气候变化的大背景下，气温升高将进一步加剧 O_3 污染，成为我国空气质量持续改善进程中亟待关注的重大问题。

环境大气中 O_3 污染的成因和来源复杂。近地面 O_3 是氮氧化物（NO_x）和挥发性有机物（VOCs）等前体物经过一系列复杂光化学反应生成的产物，形成过程与人为源和自然源前体物排放、气候气象条件及大气化学反应相关。更重要的是，O_3 与 NO_x 和 VOCs 呈现高度非线性关系，气象条件显著影响 O_3 的污染程度、污染范围和持续时间，因此，有效防控 O_3 污染的难度不言而喻。同时，O_3 与 $PM_{2.5}$ 也存在复杂的相互作用关系，O_3 可以促进 $PM_{2.5}$ 的形成，$PM_{2.5}$ 也可以通过多种途径影响 O_3 的生成。近年来，受气候变化及新冠疫情的影响，我国 O_3 污染的成因和来源也呈现了新的变化。

O_3 污染防治必须坚持系统治理观念。2023 年全国生态环境保护大会上，习近平总书记深刻阐述了我国生态文明建设的"四个重大转变"，提出了新征程继续推进生态文明建设需要处理好的"五个重大关系"，系统部署了全面推进美丽中国建设的"六项重大任务"，这是我国生态环境保护的根本遵循，为我国环境空气质量持续改善特别是 O_3 污染有效防控提供了新的动能。考虑到 O_3 污染防治具有长期性、艰巨性、复杂性特征，需在多层次强化"目标协同、多污染物控制协同、部门协同、区域协同、政策协同"系统观念，统筹兼顾、整体施策、多措并举。

2020 年，中国环境科学学会臭氧污染控制专业委员会（以下简称臭氧专委会）编制了《中国大气臭氧污染防治蓝皮书（2020 年）》。自其 2022 年正式出版发布以来，我国科研人员在 O_3 污染监测预警、来源解析、监管治理、策略评估等方面取得了一系列创新性成果，对我国 O_3 污染成因机制的规律性认知不断深化，科技对 O_3 污染防控实践的指导和支撑作用日益增强，O_3 污染防控逐步向科学、精准的方向迈进。为跟踪我国 O_3 污染防治进程，以科技赋能污染防治攻坚战，加快推动科研成果向污染防控对策的快速转化，臭氧专委会组织编写了《中国大气臭氧污染防治蓝皮书（2023 年）》。本次蓝皮书的编制基本延续了 2020 版的框架，以"科学—技术—政策—实践"为主线，全面描述近年来我国 O_3 污染演变态势，系统梳理 2020～2022 年我国 O_3 污染相关的科学进展与技术进步，阐释国家—区域—城市层面 O_3 污染防治的重大举措，总结各地区 O_3 污染防治的有益经验，探索 O_3 污染防控的可行路径和启示，以期为早日遏制 O_3 污染高发、频发的态势，实现 O_3 和 $PM_{2.5}$ 协同防控，推动我国空气质量持续改善提供科学指南，助推美丽中国建设目标如期实现。

1. 现状与演变

2022 年，全国以 O_3 为首要污染物的超标天数占比（即超标率）高达 47.9%。全国 339 个城市 O_3 浓度年评价值的平均值为 $145\mu g/m^3$，与 2021 年相比上升了 5.8%，达标城市比 2021 年减少 42 个。按照现行空气质量标准，O_3 首次超过 $PM_{2.5}$（超标率 36.9%），成为影响我国空气质量的首要污染物。

我国 O_3 污染区域性特征愈发显著并频繁出现长时间大范围的污染过程。2015～2022 年，我国 O_3 污染呈现前期波动抬升、后期高位震荡的态势。O_3 超标天数和超标城市数显著增加，O_3 占首要污染物比例逐年上升。背景站 O_3 浓度在 $120～130\mu g/m^3$ 区间波动，重点城市群 O_3 浓度高出背景站浓度 $17～46\mu g/m^3$。2019 年和 2022 年，85 个及以上城市同时 O_3 浓度超标的大范围污染事件分别达到 29 次和 25 次，最长持续时间均超过一周，部分城市污染持续时间超过两周。

O_3 污染对生态系统和公众健康造成了显著不利影响。高浓度的 O_3 危害植物生长，可降低水稻和小麦等粮食作物的产量和生态系统碳汇能力。基于 O_3 浓度监测数据的评估发现，2017～2019 年 O_3 污染对我国的小麦、水稻和玉米减产幅度达 8.6%～32.6%。O_3 对人体呼吸、内分泌、心血管等多系统的潜在健康威胁也在呈现上升趋势。据估计，2022 年 O_3 长期暴露造成我国成人过早死亡约为

15 万人（95%CI:7 万～23 万人），O_3 短期暴露引起的成人过早死亡约为 8 万人（95%CI:5 万～12 万人）。

2. 成因与来源

高强度的前体物 VOCs 和 NO_x 排放是 O_3 污染过程频发的根本原因。近地面的 O_3 形成受前体物（VOCs 和 NO_x）排放、光化学转化及气候气象因素共同驱动。尽管近年来我国人为源 VOCs 和 NO_x 排放量有所下降，但排放总量仍在千万吨以上。目前，我国 NO_x 排放量与美国 2000～2009 年中期的排放水平相当，VOCs 排放量与美国 20 世纪 90 年代中期的排放水平大致相同。高强度的前体物排放一旦遭遇高温、低湿、强辐射、小风静稳等不利气象条件，极易诱发 O_3 污染，甚至导致大范围长时间的区域性污染。

大气强氧化性驱动了 O_3 和二次 $PM_{2.5}$ 的快速形成。在高强度 VOCs 和 NO_x 排放条件下，大气二氧化氮（NO_2）、亚硝酸（HONO）和含氧挥发性有机物（OVOCs）浓度水平高，是大气自由基的强劲初级来源，也是大气氧化性增强的主导因素和当前 O_3 污染频发的核心驱动力。研究表明，在我国复合污染大气条件下，典型城市和区域的大气氧化性都比较强，主要指标 AOIp（大气氧化潜势指数）与德国郊区站点的估算结果相比高约一个量级。2010～2017 年，华北地区 NO_x 排放减少 31.8%，但由于冬季 OH 自由基和 O_3 升高，造成大气氧化性增强，促使 NO_x 转化效率提高 38.7%，最终造成硝酸盐浓度下降不明显。疫情期间 NO_x 排放降低也升高了 O_3 和 NO_3 自由基浓度水平，造成 $PM_{2.5}$ 二次组分增加，体现了大气氧化性对 O_3 和 $PM_{2.5}$ 的共同影响。因此，基于大气氧化性调控的 VOCs 和 NO_x 协同减排将是推进我国 O_3 和 $PM_{2.5}$ 协同防控的核心。

高温、低湿、强辐射、静稳天气对 O_3 污染形成和变化趋势有着重要影响。温度是影响 O_3 浓度最重要的因子，一般认为 O_3 浓度与温度的线性关系通常为 4～16μg/℃。我国华北地区对温度的响应最为显著，夏季温度和 O_3 区域平均相关系数达到 0.45。气象条件对 O_3 污染的影响具有较强时空尺度特征，在日际、季节、年际、年代际等不同时间尺度下，O_3 污染水平的变化会受到不同的气象和气候因子调控。多个研究估算结果表明，2013～2020 年期间我国及各地 O_3 浓度变化趋势的 23%～80% 可以由气象变化解释，2022 年夏季高温异常也是导致我国 O_3 污染反弹的重要原因。

我国 O_3 污染呈现明显的区域性特征和本地削峰作用。区域内省市间传输以及跨区域输送对高 O_3 污染过程也有重要作用。在京津冀地区，2015 年 6 月河北省中南部城市对北京和天津市近地面 O_3 贡献近 30%；在长三角地区，2018 年 5～6 月来自区域内浙江（11%）和江苏（10%）的 O_3 输送，对上海的 O_3 浓度有重要贡献。本地贡献占比在 O_3 高污染事件中有所提升，本地减排对于 O_3 污染削峰的作用不可忽视。由于本地生成和区域输送的共同作用，京津冀及周边地区、长三角地区和汾渭平原的区域性连片 O_3 污染过程时有发生。因此，区域统筹下的联防联控是 O_3 污染防控的关键。

3. 技术与应用

经过十余年发展，我国已基本形成涵盖 O_3 及前体物监测、排放表征、预报预警、来源解析、治理监管等方面的 O_3 污染防治技术体系。在 O_3 污染防治工作中发挥了重要作用。

基本建成了以 VOCs 组分自动监测为主干的光化学污染监测网络，质控技术体系日臻完善。截至 2022 年，我国建成了覆盖全国 157 个城市的 VOCs 自动监测体系，重点城市 VOCs 自动监测数据有效率达到 78% 以上，重点区域相继建成了天空地一体化大气污染综合观测体系。前体物排放表征能力逐渐加强，发布了涵盖烷烃、烯烃、炔烃、芳香烃和 OVOCs 等 400 余种组分、300 余个源类的 VOCs 排放源谱库，排放清单的物种精细度同步提升，实现了由总量向活性的拓展，空间分辨率细化至 1km，更新时效性由年尺度提升至日尺度甚至小时尺度。

建立了集成观测和模型手段的 O_3 及前体物来源解析技术，O_3 预测预报的精准化和智能化水平得到进一步提升。利用光化学组分在线观测和大气化学机理模型，实现了 O_3 生成与 NO_x 和 VOCs 前体物响应关系的科学评估，结合三维空气质量模型，追踪并量化了气象、大气化学反应、传输过程和沉降等物理化学过程以及不同区域和来源对 O_3 污染的贡献。形成了以国内外主流空气质量模型（如 CMAQ、CAMx、WRF-Chem、GEOS-Chem、NAQPMS 和 CUACE 等）为基础的多模式集合预报系统，通过光化学机制优化、数据同化反演、人工智能应用等手段不断提升模式准确性，长三角区域夏季 O_3 污染 48 小时预报准确率由 2018 年的

56%提升至 2021 年的 73%。初步形成了"国家—区域—省级—城市"四级空气质量预报网络，发布了首个空气质量数值预报技术规范。2020 年 5 月起，实现了全国 339 个城市未来七天 O_3 最大 8 小时业务化预报。

"十四五"以来，我国持续推动前体物高效治理，前体物全过程、精细化、智慧化治理与监管手段不断发展。重点行业 NO_x 治理水平不断提升，钢铁行业 NO_x 排放治理深入推进，全国约 40%长流程钢铁产能完成了超低排放改造，建材、焦化、有色等行业逐渐成为 NO_x 治理重点。初步建立了"源头—过程—末端"VOCs 全过程控制技术体系，绿岛、集中喷涂中心等集约化的 VOCs 治理运营模式逐渐得到推广应用，但是收集—投运—处理"三率"问题、源头控制力度不足、无组织排放严重等问题依然突出，成为我国 O_3 污染防治面临的主要短板。移动源方面，汽、柴油车和非道路移动机械排放标准分别达到国六和国四，排放控制水平和达标管理要求均得到大幅度提升。但全国 VOCs 和 NO_x 排放量仍居高位，在继续推动前体物高效治理的前提下，如何充分利用全过程、精细化治理模式与智慧化监管手段，最大限度发挥治理与监管效能，逐渐成为技术发展的重点。同时，在减污降碳背景下，能源、产业、交通结构调整及协同减排技术将成为未来发展的主要方向，O_3 前体物治理逐步由末端控制为主转向"源头—过程—末端"一体化协同治理体系。

4. 策略与实践

欧美等发达国家和地区都曾饱受 O_3 污染问题的困扰。他们通过开展科学研究、确定控制策略、建立法规标准、实施联防联控、持续推进 O_3 前体物减排，使得 O_3 污染总体上持续改善、近地面 O_3 浓度稳步下降，为我国城市和区域 O_3 污染防控提供了有益的借鉴。

在 $PM_{2.5}$ 与 O_3 协同治理的大格局下，我国正在积极探索 O_3 污染的治理途径，部分地区取得一定进展。"十四五"期间，国家明确提出着力推进 $PM_{2.5}$ 和 O_3 协同防控，强化多污染物协同治理，重点开展 VOCs 和 NO_x 的协同减排。2020～2022 年，国家将 O_3 污染防治纳入监督帮扶工作目标和任务，对京津冀及周边地区、长三角、汾渭平原、长江中游以及珠三角等区域开展了 O_3 污染防治监督帮扶行动，取得了一定的成效。评估结果表明，京津冀及周边地区 2020 年以来前体物

持续减排对区域 O_3 污染突出时段的峰值浓度降幅贡献约五成；长三角 VOCs 和 NO_x 减排部分抵消了不利气象条件的影响，避免了 O_3 浓度大幅度反弹；珠三角强化区域一体化和城市差异化的减排使 O_3 年评价值比 2019 年下降 16.8%，助力蓝天保卫战圆满收官。

我国 O_3 污染呈现明显的区域性特征，因此 O_3 污染防治必须坚持"区域视野下的城市行动"策略。京津冀、长三角、珠三角是我国开展 O_3 污染防控科学研究和防治实践起步较早的地区，积累了丰富的实践案例和经验，为其他区域开展 O_3 污染防控提供有益启示和相关经验。在区域层面，运用综合立体观测数据分析 O_3 污染成因、诊断 O_3 来源，提出区域统筹的城市差异化前体物减排方案；在城市层面，持续开展 O_3 和 $PM_{2.5}$ 污染协同防控城市跟踪督导与技术帮扶，现场调研典型行业排放治理状况，加强部门协同和政企联动，推进污染治理，跟踪评估治理措施成效。

5. 总结与展望

我国 O_3 和 $PM_{2.5}$ 污染协同防治的核心是基于大气氧化性调控的 VOCs 和 NO_x 协同减排。近年来我国 O_3 浓度保持高位震荡状态，并且呈现区域性和持续性特征，污染形势依然严峻。城市和城市群区域近期应着力减少 VOCs 排放，建立区域 VOCs 和 NO_x 协同控制策略，推动 O_3 污染尽快进入下行轨道。在大幅度减排 VOCs 的基础上，逐步建立以 NO_x 减排为重点的区域一体化多污染物协同控制的长期策略，持续推进 NO_x 减排是实现 O_3 污染稳定改善的主要途径。

我国已基本形成 O_3 及前体物监测、排放表征、预报预警、来源解析与治理监管技术体系，为 O_3 污染科学防治提供了技术支撑。在深入推进 O_3 和 $PM_{2.5}$ 污染协同防治进程中，应持续强化科学研究的引领和支撑作用，进一步完善大气氧化性的相关理论，健全 O_3 和 $PM_{2.5}$ 协同防治技术体系，提升科技对 O_3 污染防控实践的指导和支撑作用，建立更加科学的 O_3 防治评价体系，推动 O_3 和 $PM_{2.5}$ 污染协同防治向科学化、精准化的方向迈进。

探究气候变化对 O_3 污染的影响，对未来 O_3 污染防控路径制定和气候变化适应都具有重要意义。O_3 污染防治是一个长期过程，通常需要数十年的时间，在这一时间尺度上，全球气候变化对 O_3 污染的影响不可忽视。实现"双碳"目标是我国积极应对全球气候变化的重要举措，能源、产业、交通、空间等四大结构调整是实现"双碳"目标的重要落脚点。大气污染物和温室气体同根同源，O_3前体物排放将随着四大结构调整的稳步推进而逐步下降。因此，需结合"双碳"目标系统谋划 O_3 污染防治战略，将 O_3 污染防治和气候变化应对相结合，环境改善目标与气候减缓目标相结合，构建气候适应的 O_3 污染防控体系，构筑未来气候背景下 O_3 前体物和温室气体协同减排路径，实现减污降碳协同增效。

第一章 引　言

近十年来，我国大气污染防治工作取得了显著成效，但 O_3 污染问题还十分突出。为总结我国 O_3 污染科学研究和防控实践的总体进展，2020 年，中国环境科学学会臭氧污染控制专业委员会编制了《中国大气臭氧污染防治蓝皮书（2020 年）》（以下简称《蓝皮书 2020》）。自发布以来，《蓝皮书 2020》得到了大气污染防治相关领域政府部门、企事业单位、高校和科研院所的广泛关注，有力推动了各地的 O_3 污染防治工作。

2020 年以来，相关领域科学研究和防控实践持续加快推进，叠加全球气候变化加剧和新冠疫情的影响，我国 O_3 污染防治工作面临的总体形势发生了新的变化，主要表现在：

- **科学认识持续提升。**国家围绕"$PM_{2.5}$ 和 O_3 协同控制"部署了一系列重大科技项目，有力推动了这一领域的科技发展。据 Web of Science Core Collection 数据库，2019～2022 年中国地区以"ozone（或 O_3）"为关键词的研究论文共 1660 篇。相关研究分别阐述了我国 O_3 污染的演变趋势、现状及其生态和健康影响，进一步深化了人们对 O_3 污染成因和来源的科学认识，为 O_3 污染防治实践提供了坚实的科技支撑。

- **调控实践逐渐加强。**生态环境部启动了"夏季 O_3 污染防治攻坚行动"等专项行动，持续推进 O_3 和 $PM_{2.5}$ 污染协同防控"一市一策"驻点跟踪研究，重点区域和城市因地制宜开展了 O_3 污染防治实践，成都大运会、杭州亚运会等重大活动中开展了以 O_3 污染防治为核心的空气质量保障实践。这些实践行动积累的宝贵经验，对未来 O_3 污染防控具有重要的参考价值。

- **气候变化影响加剧。**在全球变暖背景下，极端气象事件的发生频率和强度持续增强，对 O_3 污染治理提出了更严峻的挑战，特别是 2022 年夏季高温热浪和干旱造成了我国中东部地区 O_3 污染大幅度反弹。放眼未来，科学评估气候变化对 O_3 污染态势及治理的影响至关重要。

- **新冠疫情带来考验。** 突如其来的新冠疫情肆虐全球，极大地改变了人类的生产和生活方式，城市封控期间的前体物排放显著降低，但以 O_3 为代表的二次污染却仍然居高不下，甚至在一些地区和时段出现加剧现象，进一步凸显了 O_3 污染防治的复杂性。

为全面反映近三年来我国 O_3 污染科学研究和防治工作的最新变化和最新进展，中国环境科学学会臭氧污染控制专业委员会经过慎重思考和充分讨论，决定编写《中国大气臭氧污染防治蓝皮书（2023 年）》（以下简称《蓝皮书 2023》），在《蓝皮书 2020》原有内容的基础上进行更新和修订。《蓝皮书 2023》以习近平生态文明思想为指导，以"科学—技术—政策—实践"为主线，力求准确反映我国 O_3 污染面临的新情况和新问题，系统梳理三年来 O_3 污染科学研究和防控实践中取得的新认识与新进展，全面呈现我国各层级开展 O_3 污染防治的新思路与新举措。

《蓝皮书 2023》延续了 2020 版的主体框架，共分为引言、现状与演变、成因与来源、技术与应用、策略与实践、总结与展望六章，各章主要内容如下：

第一章 简要介绍《蓝皮书 2023》的背景、主要内容和章节结构。

第二章 介绍 2022 年我国 O_3 污染的状况、2015～2022 年我国 O_3 污染的时空演变趋势以及我国与其他国家 O_3 污染的比较，较之上一版蓝皮书新增了 O_3 污染对生态和健康影响的内容。通过这些介绍，我们希望读者能够更加直观地认识到 O_3 污染的危害。

第三章 介绍 O_3 污染的成因和来源，包括我国 O_3 污染形成的化学机制和气象影响，并对近年来 O_3 污染演变以及新冠疫情防控期间 O_3 变化的影响因素进行了分析，以便读者了解 O_3 污染的本质、规律和成因。

第四章 介绍光化学污染监测技术、前体物排放表征技术、O_3 预报预警技术、O_3 及前体物来源解析技术以及前体物治理与监管技术，以期为科学、精准的 O_3 污染防控提供技术参考。

第五章 介绍国外 O_3 污染防治的进展与经验、我国 O_3 污染防治的国家行动方案以及重点区域和城市的行动实践。通过总结目前一些地区行之有效的防治策略和方法，希望为今后的 O_3 污染防治工作提供有益参考。

第六章 对全书的主要内容和结论进行总结，并对未来我国 O_3 污染防治和科学研究提出展望与建议。

第二章 现状与演变

"十三五"以来,全国环境空气质量整体改善,但大部分城市和地区的 O_3 浓度却呈现波动上升或高位震荡态势,长时间、跨区域 O_3 污染时有发生, O_3 已经成为影响环境空气质量进一步改善的主要污染物,日益严峻的 O_3 污染对我国生态系统和公众健康造成了极为不利的潜在影响,已引起政府、学界和公众的广泛关注。

第一节 2022 年我国臭氧污染状况

1. 全国 O_3 污染形势依然严峻

O_3 浓度居高不下, O_3 已成为影响我国环境空气质量的主要污染物。生态环境部监测数据表明,2022 年我国 339 个城市 O_3 浓度年评价值(除特殊标注外,本文中各气态污染物浓度值均为参比状态,即在 298.15K、1013.25hPa(1hPa = 100Pa)下的测量值)在 90~194μg/m³ 范围内波动(图 2.1),平均值为 145μg/m³,较 2021 年上升了 5.8%。按《环境空气质量评价技术规范(试行)》(HJ 663—2013)评价,有 92 个城市(占 27.1%)O_3 浓度年评价值超过国家二级标准限值(GB 3095—2012,160μg/m³)(图 2.1),达标城市比 2021 年减少了 42 个。O_3 超标天数范围(按每城市每年计)为 0~82 天,平均值为 24 天,超标率为 0~22.5%,平均值为 6.6%。2022 年,我国 339 个城市以 O_3 作为首要污染物的超标天数占全国总超标天数的 47.9%,首次超过 $PM_{2.5}$(36.9%),按照现行环境空气质量标准, O_3 已成为影响我国空气质量的主要污染物(图 2.2)。

京津冀及周边、长三角、汾渭平原、珠三角、长江中游和川渝地区是我国 O_3 污染较为严重的区域。除川渝地区外,其他区域 2022 年 O_3 浓度年评价值的区域平均值分别为 173μg/m³、162μg/m³、159μg/m³、157μg/m³ 和 152μg/m³,显著高于全国平均水平(表 2.1)。京津冀及周边、长三角和珠三角地区均出现了 O_3 重度污染事件, O_3 重度污染天数分别为 29 天、2 天和 4 天。

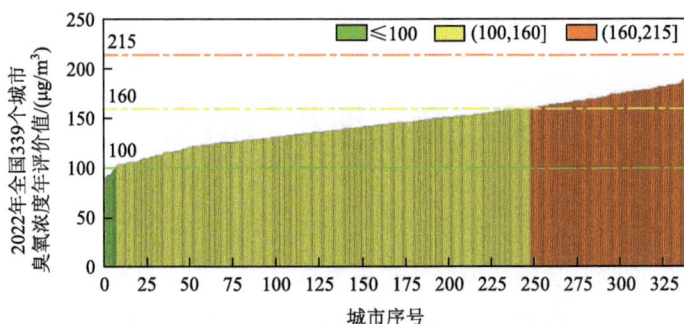

图 2.1　2022 年我国 339 个城市 O₃ 浓度年评价值分布

注：评价标准见附录 1，城市编号按该城市 O₃ 质量浓度年评价值从小到大排序，序号说明如附录 2 所示。

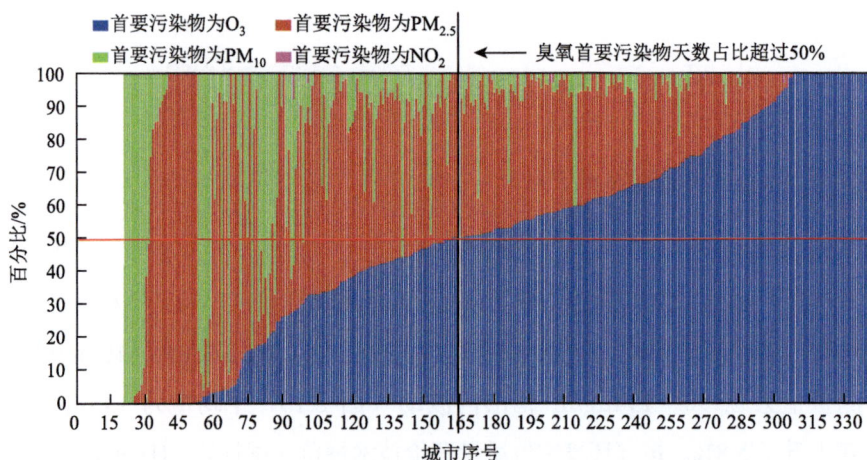

图 2.2　2022 年我国 339 个城市空气质量超标日中首要污染物天数占比情况

注：超标日包括轻度污染，中度污染和重度及以上污染；城市编号按该城市 O₃ 为首要污染物天数占超标日比例从小到大排序，序号如附录 4 所示。

表 2.1　2022 年全国及各重要城市群 O₃ 浓度年评价值及超标情况

区域	O₃ 年评价浓度（μg/m³）	超标天数（天）	全国贡献占比（%）	超标强度（天/城市）	超标城市数量（个）	超标城市占比（%）
全国	145	8065	100.0	23.8	92	27.1
京津冀及周边	173	2593	32.2	56.4	38	82.6
长三角地区	162	1616	20.0	39.4	24	58.5
汾渭平原	159	797	9.9	38.0	11	52.4
珠三角地区	157	652	8.1	31.0	7	33.3
长江中游城市群	152	986	12.2	25.9	7	18.4
川渝地区	144	454	5.6	20.6	5	22.7

注：京津冀及周边，长三角、珠三角、川渝地区，汾渭平原和长江中游城市群的划分见附录 3。

全国近一半以上城市环境空气质量主要受 O_3 影响。2022 年全国 175 个城市
（占比 51.6%）首要污染物为 O_3 的天数占比超过 50%（图 2.2），其中，28 个城市
位于京津冀及周边地区，33 个城市位于长三角地区，21 个城市位于珠三角地区，
12 个城市位于川渝地区，7 个城市位于汾渭平原，25 个城市位于长江中游地区。
33 个城市的空气质量指数（AQI）完全受 O_3 污染影响，其中 O_3 超标天数排名前
5 位的城市分别是广州市、佛山市、肇庆市、珠海市和清远市。如图 2.3 所示，除
川渝和长江中游地区部分城市外，其他重点地区 O_3 污染严重城市的 O_3 超标天数
均在 50 天以上，其中济南市超标天数高达 82 天。

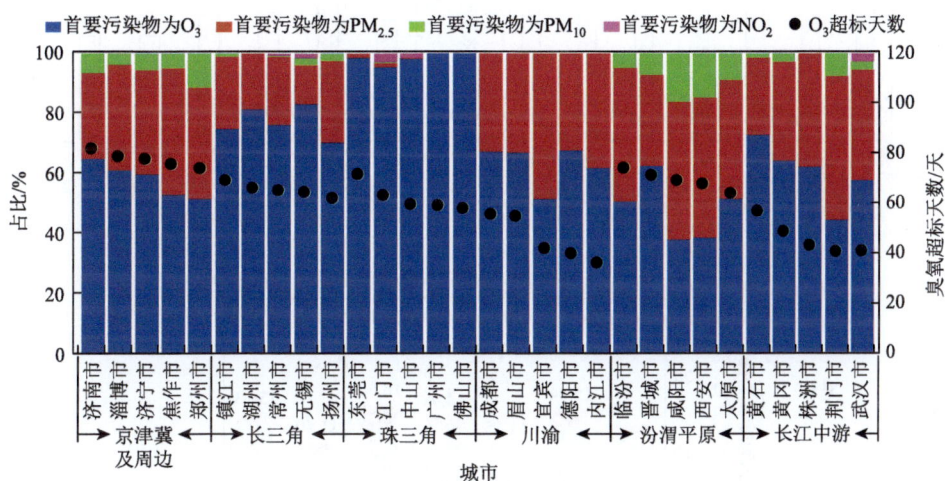

图 2.3　2022 年各区域 O_3 超标天数排名前五城市的首要污染物占比

注：本章节京津冀及周边、长三角、珠三角、川渝地区、汾渭平原和长江中游城市群的划分见附录3。

2. O_3 与其前体物高值区高度重合

在 O_3 污染较为严重的京津冀及周边、汾渭平原、长三角、珠三角等地区，其
二氧化氮（NO_2）或挥发性有机物（VOCs）浓度也明显偏高。从全国 111 个城市
的 VOCs 自动监测数据看，2022 年 5~10 月全国 57 种非甲烷烃类（PAMS 物质）
平均浓度为 13.68ppbv（十亿分之一容积），其中，京津冀及周边、汾渭平原和珠
三角的平均浓度分别为 15.44ppb、14.98ppb 和 16.66ppb，显著高于全国平均水平；
长三角的平均浓度为 11.15ppb，低于全国平均水平。从人为源 VOCs 化学组成看，
烷烃浓度高值主要出现在京津冀及周边和珠三角，高值组分为乙烷、丙烷、正丁

烷和异戊烷；芳香烃浓度高值主要出现在京津冀及周边、长三角和珠三角，高值组分为苯、甲苯、乙苯和二甲苯；烯烃浓度高值主要出现在京津冀及周边、珠三角和西部省份，高值组分为乙烯和丙烯。2022 年 5～10 月全国 339 个城市 NO_2 平均浓度为 17μg/m³，高值主要集中在京津冀及周边、汾渭平原和长三角，其平均浓度分别为 21μg/m³、25μg/m³ 和 18μg/m³；珠三角的平均浓度 15μg/m³，低于全国平均水平（图 2.4）。

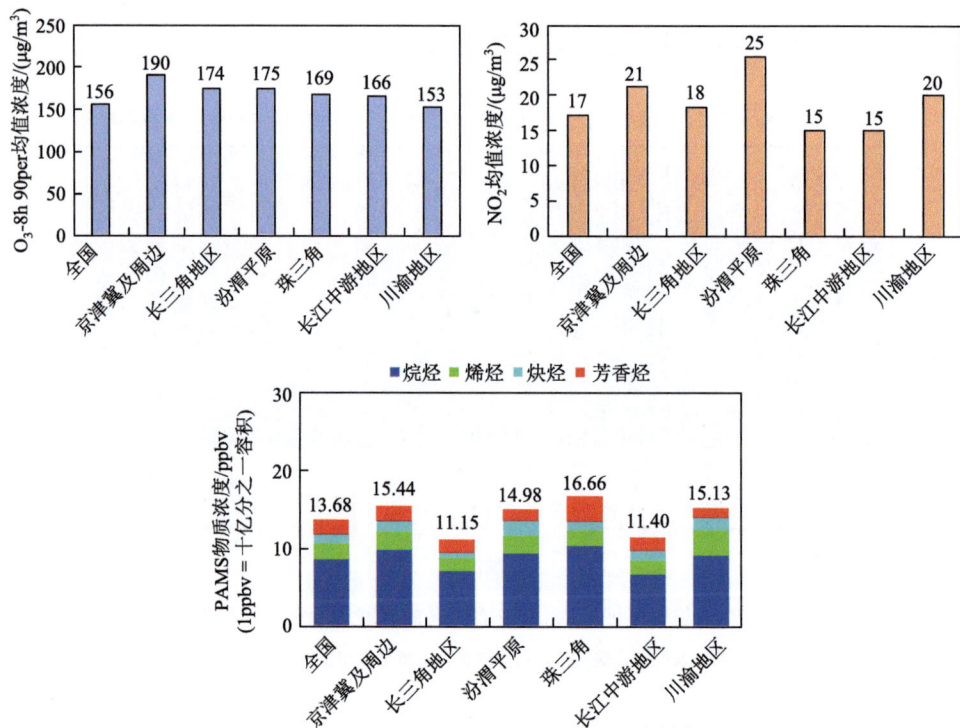

图 2.4　2022 年 5～10 月全国 339 个城市 O_3 日最大 8 小时滑动均值浓度、5～10 月全国 339 个城市 NO_2 均值浓度、5～10 月 111 个开展 VOCs 自动监测城市的总 VOCs（PAMS 物质，含烷烃、烯烃、炔烃和芳香烃）均值浓度

3. O_3 环境质量较 WHO 标准仍存在明显差距

按照世界卫生组织（WHO）的评价标准，我国 O_3 污染形势更为严峻。从年评价来看，以 WHO 第一阶段目标值（WHO-IT1，160μg/m³）和 WHO 第二阶段目标值（WHO-IT2，120μg/m³）为标准，2022 年我国 O_3 达标城市从 247 个分别

降至 98 个和 7 个（图 2.5）。所有城市均未达到 WHO 指导值水平（WHO-AQG，100μg/m³），大部分城市 O_3 浓度超出 WHO-AQG 的 50%及以上。峰值季节情况较全年情况略好，以 WHO-IT1 和 WHO-IT2 为标准，2022 年我国 O_3 达标城市分别为 125 个和 6 个（图 2.5）。

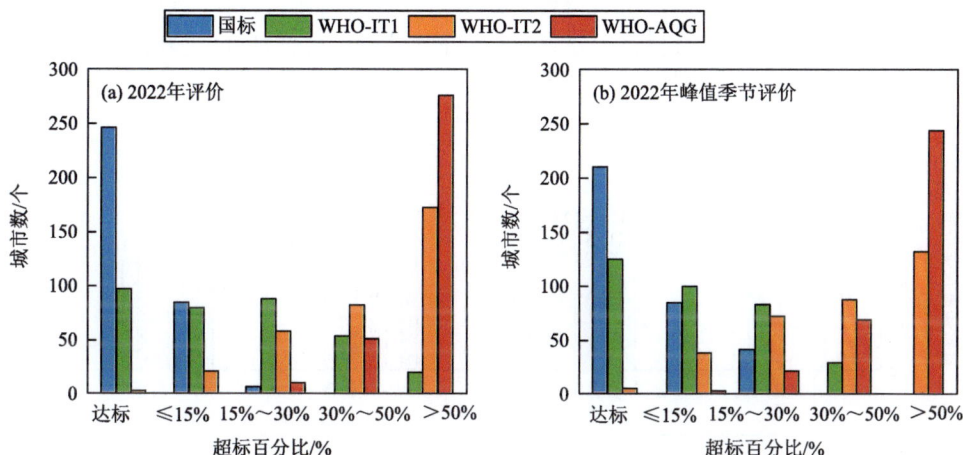

图 2.5　2022 年我国 339 个城市在国标与 WHO 指导值下的超标情况
（WHO 评价指导值见附录 5）

第二节　2015～2022 年我国臭氧污染演变

1. O_3 浓度和超标天数逐年上升，区域性污染特征日趋显著

近年来 O_3 浓度依然呈现高位震荡，与其他污染物的下降形成鲜明对比。
2015～2019 年全国 O_3 浓度年评价值逐年上升，上升幅度为 6.3μg/(m³·年)，2019～2021 年 O_3 浓度年评价值逐年下降至 2017～2018 年水平，而 2022 年 O_3 浓度年评价值明显反弹 [图 2.6（a）]。整体来看，2019～2022 年，全国 O_3 浓度年评价值呈高位震荡，其中 2019 年和 2022 年 O_3 浓度显著高于其他年份。O_3 浓度年评价值的最大值、第 75 百分位数、中位数和第 25 百分位数与平均值的变化类似，但最小值持续上升 [图 2.7（a）]。相比于 2015 年，2022 年 339 个城市其他污染物，包括 SO_2、$PM_{2.5}$、CO、PM_{10} 和 NO_2 浓度年评价平均值下降了 22.2%～60.9%，与 O_3 的高位震荡形成鲜明对比 [图 2.6（a）]。

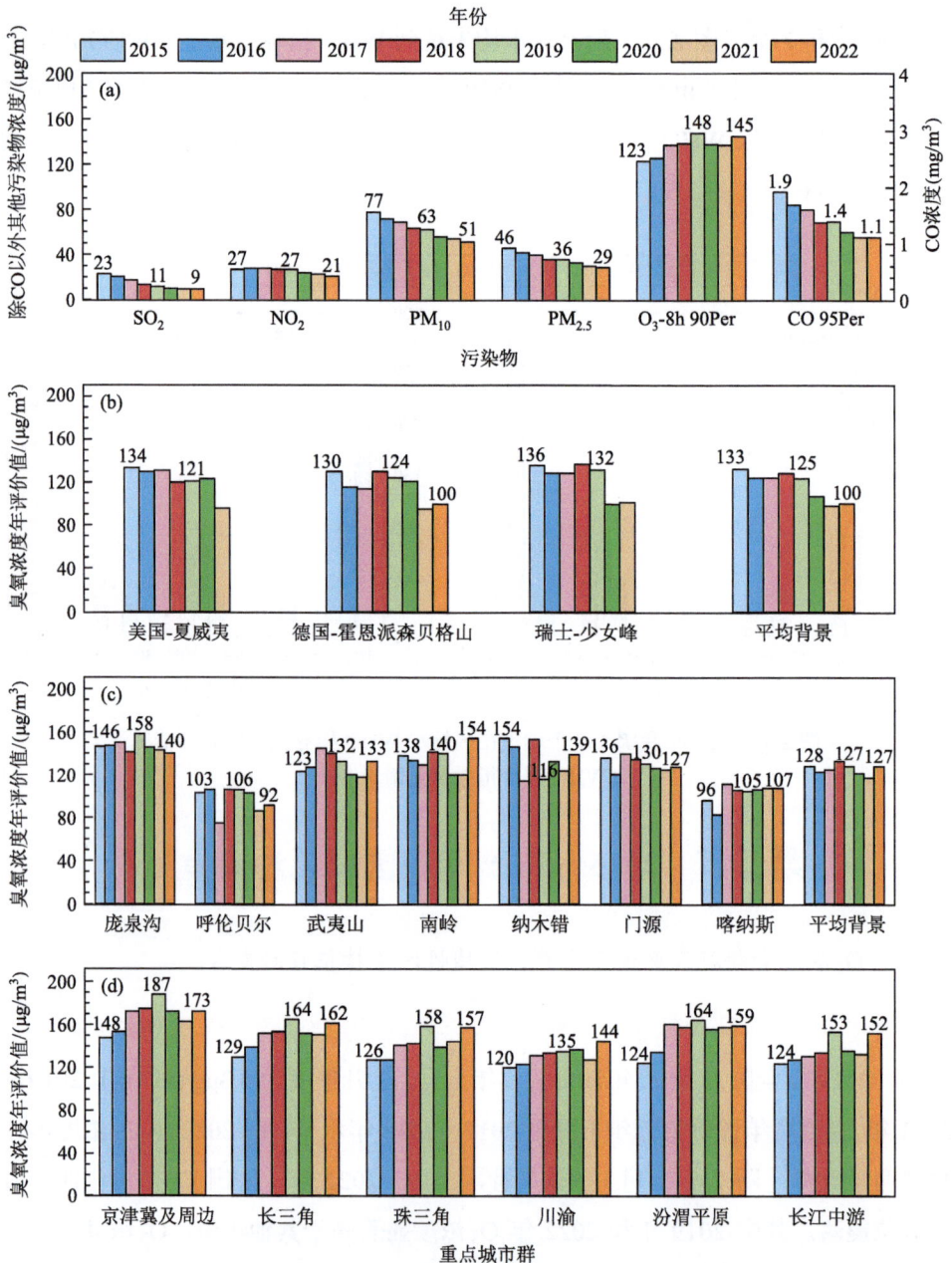

图 2.6　2015～2022 年我国重点城市主要空气污染物浓度年际变化（a）、及世界气象组织北半球大气本底站点（b）、我国环境空气区域背景站（c）、我国城市环境空气质量监测站点（d）的 O₃ 浓度年评价值的年际变化

注：世界气象组织北半球大气本底站点数据来自于 EBAS 数据库，中国环境空气区域背景站来自于生态环境部监测数据。

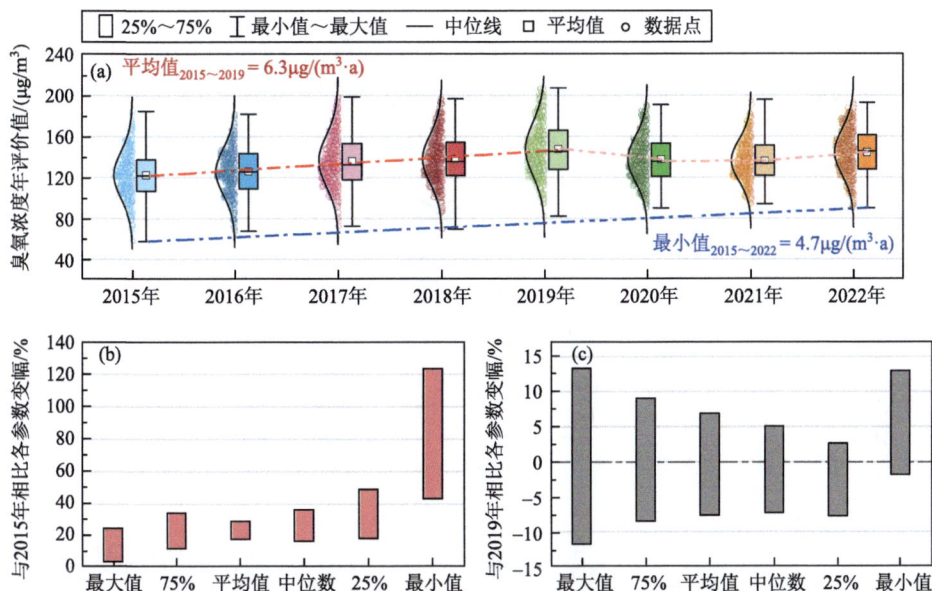

图 2.7　（a）2015～2022 年全国 339 个城市 O_3 浓度年评价值箱式图；（b）与 2015 年相比 2022 年中国重点城市群 O_3 浓度年评价值各参数的变化幅度；（c）与 2019 年相比 2022 年中国重点城市群 O_3 浓度年评价值各参数的变化幅度

O_3 超标天数和超标城市显著增加，O_3 为首要污染物天数占比逐年上升。 2015～2022 年，与全国 $PM_{2.5}$ 超标天数的显著降低趋势相反，O_3 超标天数显著增加，幅度为 741 城市天/年（图 2.8）。全国 O_3 超标天数的变化趋势与年评价值相似，呈现先升高、后保持高位震荡的现象。2015～2022 年，全国 O_3 超标城市数显著增加，超标城市数范围为 19～103 个（表 2.2）。其中 2019 年和 2022 年超标天数是 2015 年和 2016 年的 4～5 倍，其他年份全国 O_3 超标城市数约为 50～70 个（表 2.2）。2015～2022 年，全国 O_3 首要污染物天数占比总体呈现递增趋势，全国及重点城市群 O_3 首要污染日占比年均增长幅度范围为 4.7%～6.6%（图 2.8 和表 2.2）。

我国 O_3 污染呈现日趋显著的区域性特征。 2015～2022 年，全国 O_3 超标日最大超标城市数为 70～159 个，2017 年达到全国城市总数的 47%，在 2019～2022 年期间 O_3 超标日最大超标城市数基本维持在较高水平（120～140 个左右）（表 2.3）。2017 年以前 O_3 污染同时爆发的大范围污染事件频率较低，但 2017 年开始 O_3 污染的区域分布逐渐由点状向片状发展，并开始出现超过 85 个城市（以全国 339 个城市的四分之一为判断依据）同时出现污染的大范围 O_3 污染事件。其中，2019 年与 2022 年长时间大范围污染事件出现频次更高且辐射面积更广，分别达到 29 次和 25 次，最长持续时间均超过一周，污染范围波及 27 个省（表 2.3）。

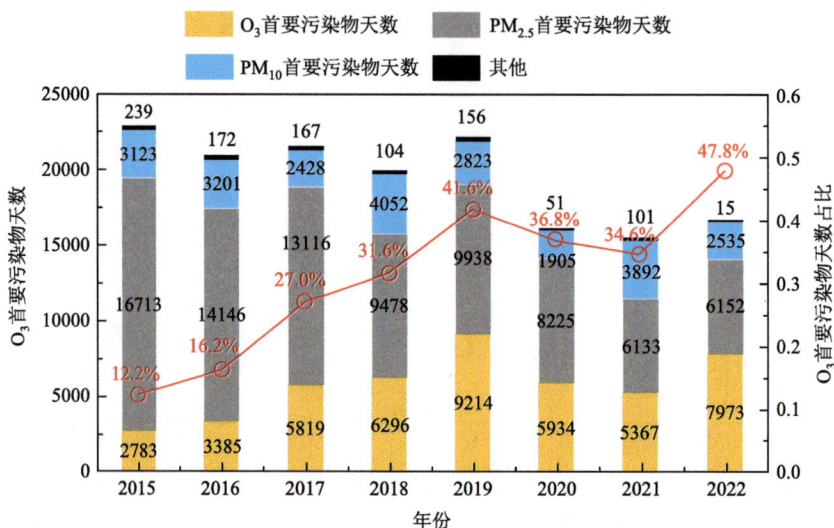

图 2.8 2015～2022 年全国超标日首要污染物天数及 O_3 作为首要污染物天数占比

表 2.2 2015～2022 年 339 个城市 O_3 超标情况及重点城市群 O_3 作为首要污染物天数占比

项目	区域	2015	2016	2017	2018	2019	2020	2021	2022
超标城市数/个	339 个城市	19	23	67	67	103	58	50	92
O_3 作为首要污染物占比/%	京津冀及周边	11.9	18.8	34.6	39.0	46.2	43.0	38.6	52.1
	长三角	20.1	23.8	33.7	40.1	49.4	51.0	55.4	63.4
	珠三角	50.2	68.9	68.6	74.2	84.0	95.7	88.1	98.9
	川渝	14.5	11.0	19.0	29.8	37.4	46.6	30.7	52.4
	汾渭平原	5.7	15.8	32.8	30.7	37.6	34.6	39.3	39.6
	长江中游	9.0	11.6	12.7	24.2	45.9	31.3	31.6	55.1

注：与《中国大气臭氧污染防治蓝皮书（2020 年）》不同，O_3 更新为参比状态下的浓度，因此表格中数字有所变动。

表 2.3 2015～2022 年全国 339 个城市 O_3 超标情况统计

年份	一天内最多超标城市数	≥85 个城市超标频次	首次≥85 个城市超标事件出现时间	末次≥85 个城市超标事件出现时间	连续 3 天及以上≥85 个城市同时污染频次
2015	75	0	—	—	0
2016	70	0	—	—	0

年份	一天内最多超标城市数	≥85个城市超标频次	首次≥85个城市超标事件出现时间	末次≥85个城市超标事件出现时间	连续3天及以上≥85个城市同时污染频次
2017	159	11	5/17	9/18	3
2018	115	15	4/19	10/7	2
2019	141	29	5/10	10/1	4
2020	147	10	4/28	9/7	1
2021	144	8	6/5	8/1	2
2022	127	25	4/10	9/29	3

注：O_3 大范围污染指全国至少 85 个（以全国 339 个城市的四分之一为判断依据）及以上地级市 O_3 浓度超标。

2. 重点区域 O_3 污染程度呈现加重态势

2015～2022 年，全国重点城市群区域的 O_3 浓度年评价值均呈上升趋势，O_3 污染天数占比逐年升高。 2015～2022 年，北半球 O_3 背景浓度波动降低至 $100\mu g/m^3$ 以下，而我国环境空气区域背景站 O_3 浓度在 $120～130\mu g/m^3$ 之间波动，各重点区域 O_3 浓度高出背景浓度 $17～46\mu g/m^3$（图 2.6）。京津冀及周边、长三角、珠三角、川渝、汾渭平原和长江中游六大城市群区域的 O_3 浓度年评价值平均上升幅度分别为 16.9%、25.6%、24.6%、20.0%、28.2% 和 22.6% [图 2.6（d）]。与 2015 年相比，2022 年六大城市群 O_3 浓度年评价值的最大值、最小值、平均值、第 75 百分位数、中位数和第 25 百分位数的升幅范围为 3.2%～23.6%、42.5%～122.4%、16.9%～28.2%、11.1%～33.1%、16.4%～35.5% 和 17.8%～47.8%，其中 O_3 浓度年评价值的最小值显著上升 [图 2.7（b）]。2015～2022 年，O_3 作为首要污染物的天数占比在各重点区域也均逐年上升，2022 年京津冀及周边、长三角、珠三角、川渝和长江中游等地区 O_3 作为首要污染物的天数占比已达到 52.1%～98.9%（表 2.2），O_3 污染已逐渐成为影响环境空气质量优良率的主导因素。

各重点区域 O_3 污染的空间范围扩大，污染时段的季节跨度延长。 从空间范围看，各重点区域的 O_3 污染范围呈扩大趋势（图 2.9）。与 2015 年相比，2022 年京津冀及周边、长三角、珠三角、川渝、汾渭平原和长江中游地区超过 1/3 城市同时超标事件的频次分别增加了 50 次、42 次、42 次、23 次、44 次和 31 次，日最大超标城市数分别增加了 12 个、14 个、1 个、7 个、10 个和 21 个。根据气候带和地域的不同，我国各重点城市群区域超标天数变化不尽相同。其中，京津冀及周边地区 O_3 超标天数主要集中在5～7月和9月；长三角主要集中在4～7月和8～9月；珠三角主要集中在9～10月；川渝地区主要集中在4～8月；汾渭平原主要集中在5～8月；长江中游地区主要集中在8～10月（图2.10）。2015～2022年，长三角、珠三角和长江中游地区 O_3 区域性污染事件向春初和秋末延伸；川渝地区 O_3 区域性污染事件向春初延伸（附录7）。

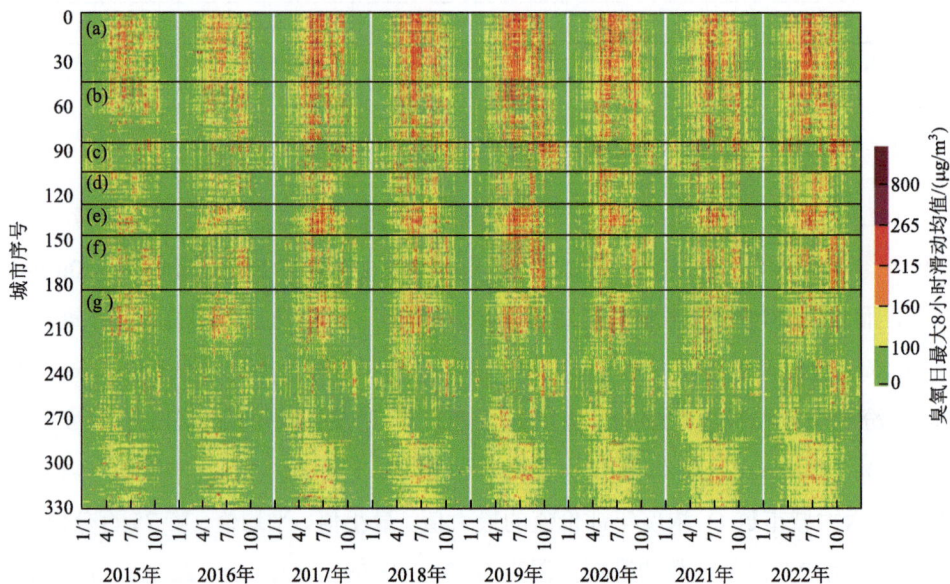

图2.9　2015～2022年重点城市 O_3 污染日历：（a）京津冀及周边、（b）长三角、（c）珠三角、（d）川渝、（e）汾渭平原、（f）长江中游、（g）其他地区

注：城市序号见附录6。

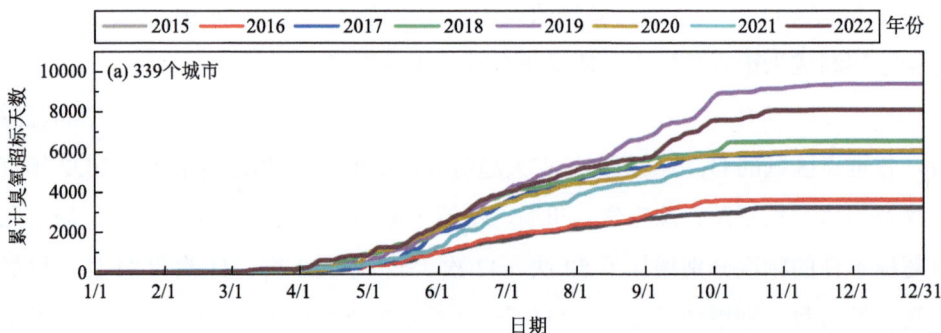

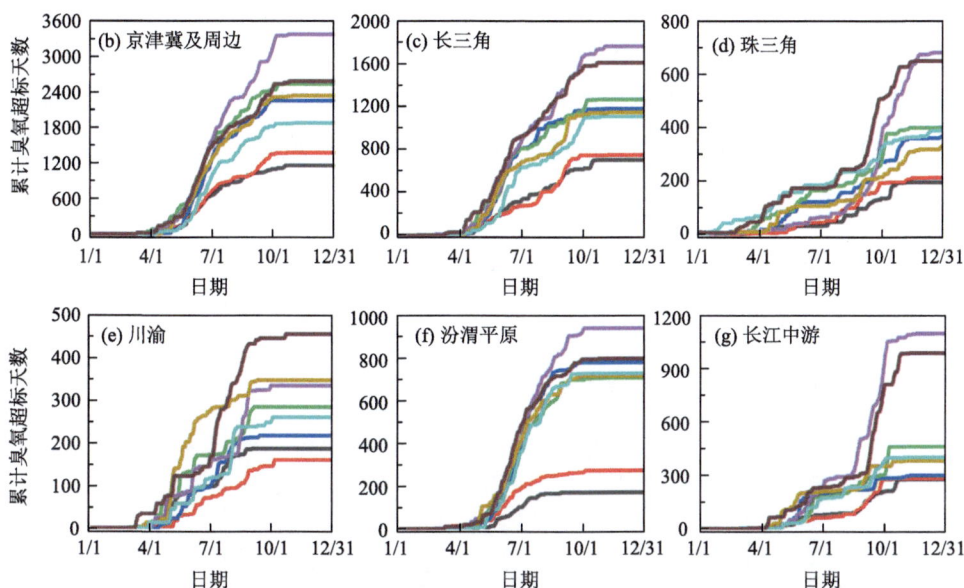

图 2.10 2015～2022 年全国及重点城市群累计 O_3 超标天数（城市天）

第三节 美国和欧洲臭氧污染变化趋势

近十年来美国和欧洲的 O_3 浓度整体呈现低位震荡，浓度水平显著低于我国。 图 2.11 显示了 2015～2022 年中国、美国和欧洲城市站点夏季（6～8 月）区域平均 O_3 浓度的对比情况。2015～2022 年，美国夏季 O_3 日最大 8 小时滑动平均值为 92～98μg/m³，欧洲夏季 O_3 日最大 8 小时滑动平均值为 86～103μg/m³，相比我国浓度较低。我国区域平均夏季城市 O_3 浓度在 2015～2019 年间逐步上升，2019～2022 年 O_3 浓度呈现高位震荡。欧洲和美国城市站点 O_3 平均浓度变化趋势不明显或呈上下浮动趋势。

美国和欧洲典型城市的 O_3 浓度与周边乡村地区相比，下降趋于平缓，城乡差异逐渐缩小。 图 2.12 显示了国外典型城市及其周边乡村地区夏季 O_3 浓度自 1990 年以来的变化趋势。例如，美国洛杉矶 2001～2015 年期间城市 O_3 浓度下降 0.78μg/(m³·年)，城郊 O_3 浓度下降 2.59μg/(m³·年)；德国柏林 1990～2021 年期间城市 O_3 浓度存在 1.03μg/(m³·年)的上升趋势，而其周边乡村地区 O_3 表现出 0.16μg/(m³·年)的下降趋势。在美国，城市与城郊夏季 O_3 浓度的差异从 20 世纪 90 年代的–6.4μg/m³ 缩小到 21 世纪初的–0.6μg/m³。在欧洲，城乡 O_3 浓度差异从

20 世纪 90 年代的–8.3μg/m³ 缩小到 21 世纪初的–1.7μg/m³。在日韩也存在同样现象，城市与乡村之间的 O_3 浓度差异显著缩小（图 2.13）。O_3 浓度城乡差异的缩小意味着 O_3 污染呈现更加区域化的特征。我国由于城市—城郊—乡村相邻匹配的观测站点相对较少，O_3 浓度的城乡差异尚不明晰。

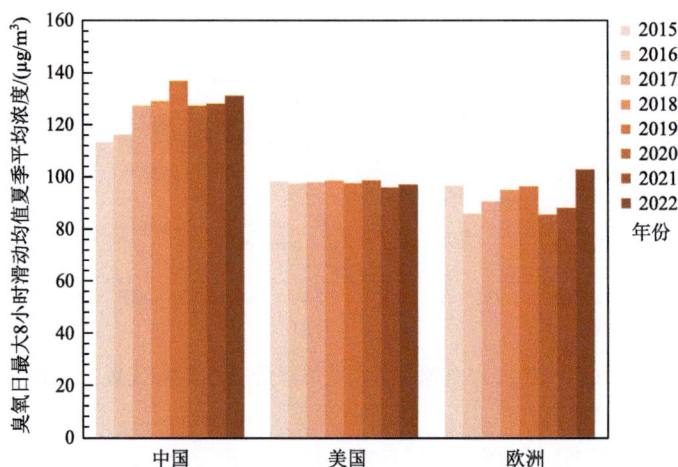

图 2.11　2015～2022 年中国、美国和欧洲城市站点 O_3 日最大 8 小时滑动平均值 6～8 月平均浓度

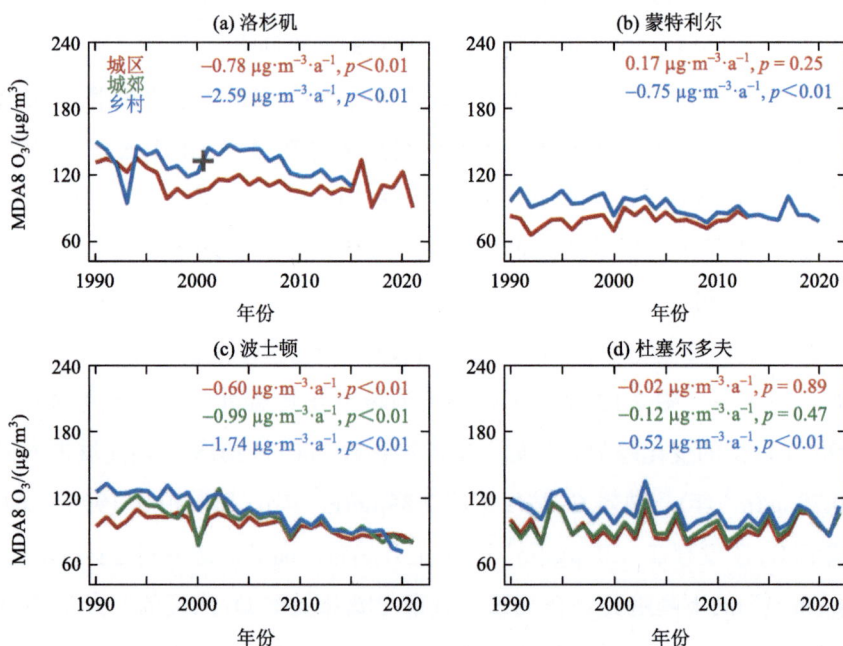

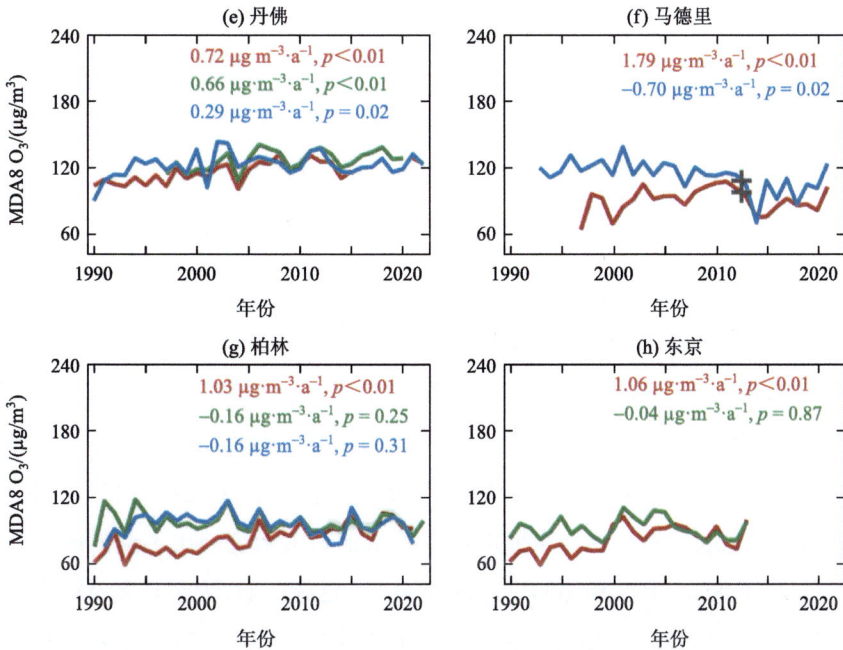

图 2.12　1990~2022 年全球典型城市城区（红线）、城郊（绿线）和乡村（蓝线）站点的 O$_3$ 日最大 8 小时滑动平均值夏季平均浓度演变的时间序列。图中曲线表示 O$_3$ 浓度演变趋势，加号符号表示监测站点位置发生改变

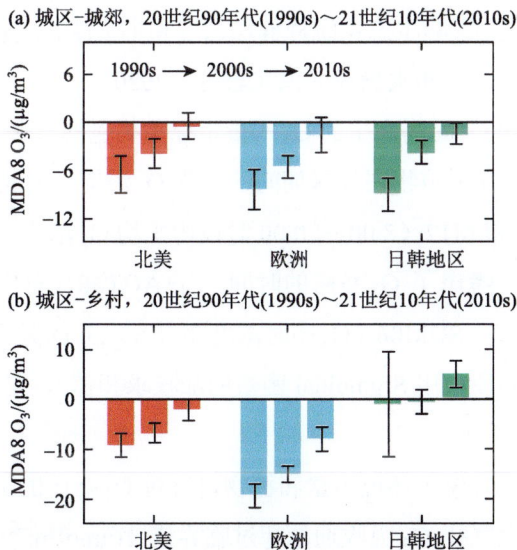

图 2.13　1990~2020 年北美、欧洲和日韩地区近地层夏季 O$_3$ 在城区与城郊和城区与乡村站点之间的浓度差异的年代际变化

第四节　臭氧污染对我国生态和健康的影响状况

1. 当前 O_3 污染对我国生态系统存在潜在不利影响

高浓度的 O_3 危害植物生长，降低水稻和小麦等粮食作物的产量和生态系统碳汇能力。 O_3 可通过植物叶片气孔扩散进入植物组织内部，并产生和积累活性氧物质（reactive oxygen species，ROS），引发氧化胁迫，使植物的光合作用和生理代谢机能受到限制，最终阻碍植物生长，导致生物量降低（高峰等，2018）。在高浓度 O_3 暴露下，植物分配到果实部分的营养物质减少，造成植物果实籽粒变小，农作物产量降低（李硕等，2014）。实验结果显示，在一定的 O_3 暴露（AOT40＝15ppm·h）下，东亚的小麦、水稻和玉米表现出不同的敏感性，减产幅度分别为38%、19%和10%（Feng et al.，2022a）。 O_3 浓度升高对植物光合作用、生长和生物量积累、物质分配等过程的连锁负效应导致陆地生态系统生产力和固碳能力降低，削弱了生态系统的碳汇能力。有关我国热带、亚热带和温带树种的研究表明， O_3 浓度升高导致中国木本植物的净光合作用和总生物量分别降低28%和14%（Li P et al.，2017）。此外，植物长期过量摄取 O_3 还可以引起物种组成、冠层结构的改变，影响生态系统种群均匀度和丰富度，威胁生态系统多样性，最终影响生态系统碳、氮和水循环（冯兆忠等，2020）。

用于量化植物的 O_3 暴露水平的 O_3 剂量指标主要包括三种（附录8）：

（1）浓度剂量，代表植物在暴露期间的平均 O_3 浓度，如 M7（9:00—16:00 时段内平均 O_3 浓度）和 M12（8:00—20:00 时段内平均 O_3 浓度）。

（2）暴露剂量，考虑了 O_3 暴露的时间，如 AOT40（日间 O_3 小时浓度超过 40ppb 部分的累积值）、SUM06（ O_3 小时浓度超过 60ppb 的累计值）和 W126（ O_3 小时浓度在特定时间段内用 Sigmoidal 函数的加权求和值），是当前被广泛采用的指标。

（3）通量剂量，考虑了环境因素和植物自身对 O_3 响应的影响，如 POD_Y ［整个生长季单位面积上气孔 O_3 吸收通量超过临界值 $Y(nmol·m^{-2}·s^{-1})$ 的积累量］。该指标在评估 O_3 对植物的不利影响方面优于其他指标，但计算过程较烦琐，所需参数较多，树种特异性限制较大。

图 2.14 显示 2015～2022 年北京市郊区不同 O_3 剂量指标的变化趋势相近，其中，2015～2019 年各年的 O_3 剂量指标数值变化较小（2017 年除外），2020～2021 相比前几年下降，2022 年反弹，但仍低于 2019 年。不过，不同指标的年际波动幅度存在一定差异，如 M12 在 2019～2022 年间的波动明显低于其他指标。

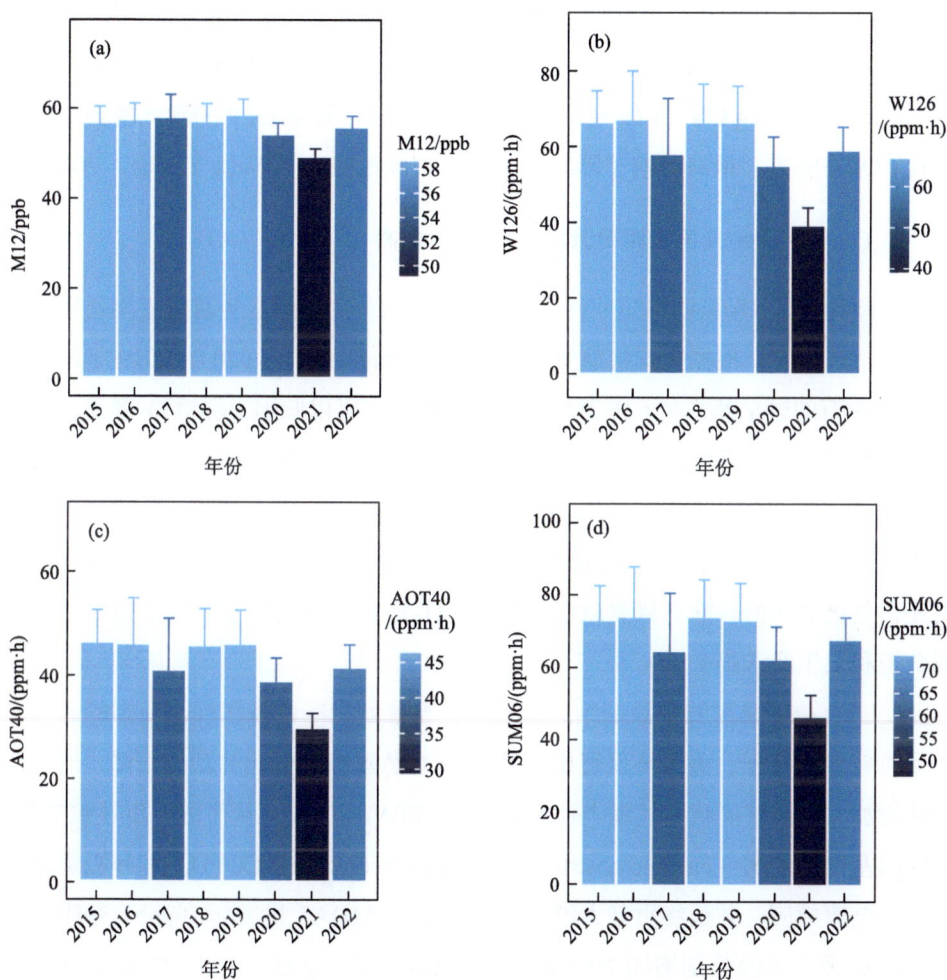

图 2.14 2015～2022 年北京市郊区 O_3 暴露指标的年际变化

注：M12 代表 8:00—20:00 时段内平均 O_3 浓度，W126 代表 O_3 小时浓度在特定时间段内用 Sigmoidal 函数的加权求和值，AOT40 代表日间 O_3 小时浓度超过 40ppb 部分的累积值，SUM06 代表 O_3 小时浓度超过 60ppb 的累积值：$1ppm = 10^{-6}$。

基于粮食作物产量或森林生物量与 O_3 剂量的响应关系计算发现，我国 O_3 污染不同程度地降低了粮食产量和碳汇能力。基于 O_3 浓度监测数据，采用 AOT40

对 2017～2019 年 O_3 减产风险进行评估发现，我国的小麦、水稻和玉米减产幅度达 8.6%～32.6%，综合国际粮食价格等因素，估算 O_3 污染导致我国每年作物减产损失约 451 亿～805 亿美元（Feng et al.，2022a）。另外，据估算，2015 年 O_3 暴露导致我国每年森林生物量增长减少了约 11%～13%，对应的经济损失达 522 亿美元，远高于该研究中水稻和小麦的 O_3 暴露造成的经济损失（Feng et al.，2019）。2010～2021 年，我国 O_3 污染造成小麦产量和森林总初级生产力（GPP）的损失分别以 1.80Mt/a[①]和 13.9Tg C/a（$1Tg = 10^{12}g$）的幅度增加，其中 GPP 的降低削弱了植被吸收 CO_2 的能力，最终影响了陆地生态系统的碳汇能力（Wang Y et al.，2023）。

2. O_3 污染导致我国人群健康风险正逐年升高

伴随着我国 O_3 长期和短期暴露水平的增加，归因于 O_3 暴露的过早死亡人数也呈现上升趋势。 根据全球疾病负担研究（Murray et al.，2020），2019 年，全球约有 36.5 万的过早死亡和 621 万的伤残调整寿命年可以归因于环境 O_3 暴露。在我国，2022 年 O_3 长期和短期暴露导致的过早死亡人数分别为 15 万（95CI：7 万～23 万）和 8 万（95CI：5 万～12 万），相较于 2013 年的成人早逝人数均呈现上升趋势（图 2.15）。此外，O_3 长期暴露相关的疾病负担更为严重，约为短期暴露相关死亡负担的两倍。除直接贡献早亡以外，O_3 还可以通过多系统健康效应造成疾病负担和卫生经济损失。

O_3 长、短期暴露对呼吸系统的影响为其健康效应的论证和疾病负担的推算提供了最有力的证据。 美国环保署报告显示，O_3 暴露能够引起肺功能下降、气道反应性增加、呼吸道症状和气道炎症反应（U.S.EPA，2016），从而进一步导致哮喘、慢性阻塞性肺疾病（chronic obstructive pulmonary disease，COPD）和呼吸道感染等不良健康效应，并最终贡献人群死亡。暖季 O_3 MDA8 每增加 10ppb，呼吸系统和 COPD 死亡风险分别增加 2.5% 和 5.6%（Sun et al.，2022），以 COPD 为代表的呼吸系统急诊率和入院率也将随之增加（Gao H et al.，2020）。

O_3 暴露对于肥胖、糖尿病、代谢综合征等代谢性疾病的影响也得到了较好的论证。 流行病学研究报告 O_3 暴露与葡萄糖代谢紊乱、胰岛素分泌和敏感性降低有

---

① Mt/a 为固定单位，公吨/年。

关，受控的人体暴露和毒理学研究发现 O_3 暴露能够激活神经内分泌反应，引发糖耐量受损、肝糖异生增加和血脂扰动等病理生理过程，进一步提供了生物学机制证据（LaKind et al.，2021；Shore，2019）。

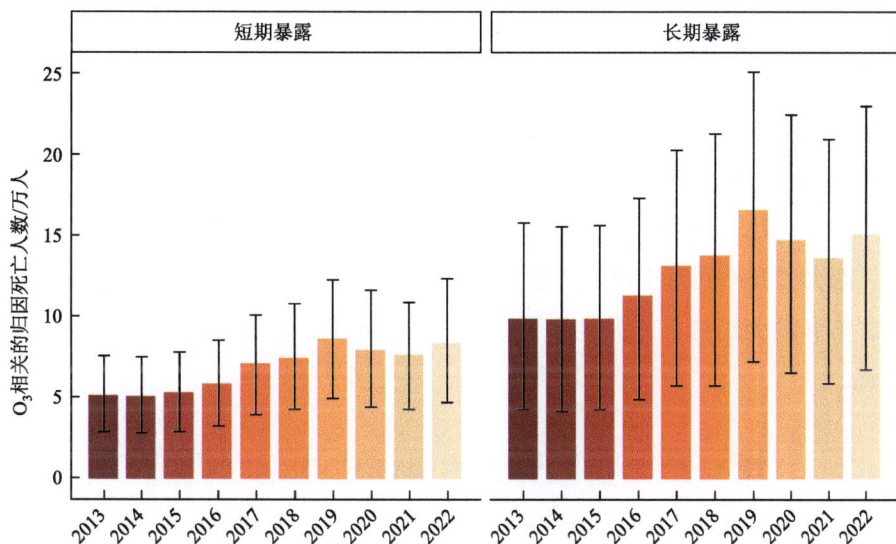

图 2.15　2013～2022 年我国归因于 O_3 短期与长期暴露的成人过早死亡人数

尽管存在一定的不确定性，但越来越多的研究证实 O_3 暴露会对心血管健康造成影响。我国一项最新的队列研究结果显示，O_3 与心血管疾病死亡率间存在显著的正相关，暖季 O_3 浓度每增加 $10\mu g/m^3$，心血管疾病总死亡、缺血性心脏病死亡和中风死亡风险将分别升高 9.3%、18.4% 和 6.3%（Wallace et al.，2016）。值得注意的是，O_3 对心血管疾病死亡风险的影响似乎并不存在一个明显的"安全"阈值，即使暖季 O_3 浓度仅略高于世界卫生组织的标准限值，也可引起心血管疾病死亡风险的增加。O_3 长、短期暴露能够通过影响自主神经功能、血管功能以及血液凝固状态等途径作用于心血管运转。此外，也有研究提示 O_3 暴露能够影响生殖发育（Wallace et al.，2016）、神经精神健康（Zhao T et al.，2018；Singh et al.，2022）和癌症（Turner et al.，2016），但相关证据目前还比较有限，暴露—反应关系尚存在不确定性。

第三章　成因与来源

环境大气中的 O_3 形成受前体物排放、光化学转化及气象气候驱动的共同作用。NO_x、CH_4、CO 和 VOCs 等是对流层 O_3 生成的主要前体物，其氧化反应引发的大气自由基光化学循环是造成对流层 O_3 生成和积累的根本原因。从天气尺度上的 O_3 污染事件，年际尺度上的 O_3 浓度波动，到长期气候变化背景下的 O_3 变化趋势，都会受到不同时空尺度气象气候因素的影响。本章从 O_3 污染的化学成因、气象影响和演变趋势三方面进行了综合分析，综述了近年来我国 O_3 污染的成因和来源。

第一节　我国臭氧污染形成的化学机制

1952 年，Haagen-Smit 宣布 O_3 是洛杉矶烟雾的主要成分，由炼油厂和机动车排放的碳氢化合物与燃烧过程排放的氮氧化物在阳光下发生光化学反应产生，这是人类对 O_3 污染的最初认识。20 世纪 70 年代，唐孝炎院士和王文兴院士等在兰州西固石化区发现严重的 O_3 污染，并采用外场观测、烟雾箱模拟和数值模型等技术开展了深入研究，由此开启了我国 O_3 污染防治历程。对流层 O_3 的来源包括化学生成和平流层输送，而近地面 O_3 主要以化学生成为主，下文将对对流层 O_3 的生成机制和控制原理进行论述。

1. O_3 生成机制

高强度的 NO_x 和 VOCs 排放是近年来我国城市 O_3 污染频发的根本原因。 Haagen-Smit（1952）最早在洛杉矶光化学烟雾污染的研究中提出 NO_x 和 VOCs 是 O_3 生成的重要前体物。NO_2 可以光解产生 NO 和 $O(^3P)$，$O(^3P)$ 与氧气反应生成 O_3，而 O_3 又可与 NO 反应生成 NO_2 [图 3.1（a）]。上述三个反应构成一个快速的循环过程，O_3 的浓度由 NO 和 NO_2 的比值以及 NO_2 的光解速率 j（NO_2）决定。VOCs 的参与使得原本的循环过程更为复杂（详见附录 9），VOCs 与 OH 自由基反应生成过氧自由基（$HO_2\cdot$ 或 $RO_2\cdot$），过氧自由基与 O_3 竞争将 NO 氧化为 NO_2，进而光解加剧了 O_3 的净生成 [图 3.1（b）]。VOCs 在其间扮演着催化剂的作用，因此也就形成了大气 O_3 生成敏感区的概念：VOCs 控制，NO_x 控制或 VOCs-NO_x 过渡区控制。

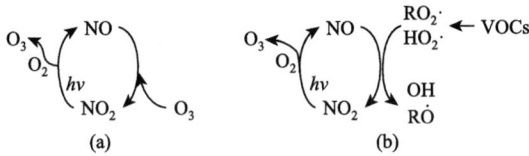

图 3.1　对流层 O_3 生成机制概念图：（a）无 VOCs 条件下的快速的循环；（b）VOCs 的加入阻断了 NO 和 O_3 的反应，加速 O_3 的生成

2010～2020 年，中国的人为源 VOCs、NO_x 和 CO 排放整体分别增长了 5.6%、下降 25.6%和下降 30.8%（数据来源：中国多尺度排放清单数据库，http://meicmodel.org.cn/?page_id=560）。各污染物排放的变化趋势差异较大，且由不同排放部门主导（图 3.2）。其中 VOCs 排放先增（2010～2016 年）后降（2017～2020 年），峰值出现在 2016 年，达到 28.3Tg。VOCs 的主要排放源包括溶剂使用（多年平均占比 38.1%）、工业（27.6%）、交通（18.7%）和民用（15.5%）。其中溶剂使用的 VOCs 排放从 2010 年至 2020 年增长 57.6%，对 VOCs 的增长贡献最大。而交通部门在多项污染防控举措的实施下，VOCs 排放的降幅最大，达到 37.8%。

类似地，NO_x 的排放也经历了先增（2010～2012 年）后降（2013～2020 年）的变化，并早于 VOCs 在 2012 年实现达峰值（29.1Tg）。NO_x 的主要排放源包括工业（39.9%）、交通（32.3%）和电力部门（24.2%）。而 NO_x 的排放下降主要由电力部门驱动，从 2010 年至 2020 年下降 56.7%。相较之下，CO 的排放呈现连续下降趋势，其中工业和交通部门的排放降幅最大，分别为 40.4%和 38.9%（数据来源：中国多尺度排放清单数据库，http://meicmodel.org.cn/?page_id=560）。

综上，我国 NO_x 和部分地区 VOCs 排放量近期虽有所下降，但整体仍处于高位。目前，我国 NO_x 排放量与美国 2010～2019 年期间中期的排放水平相当，VOCs 排放量与美国 20 世纪 90 年代中期的排放水平大致相同（图 3.3），VOCs 和 NO_x 排放总量均在千万吨以上。因此，我国城市地区较高的 NO_x 和 VOCs 水平是导致 O_3 污染频发的根本原因。

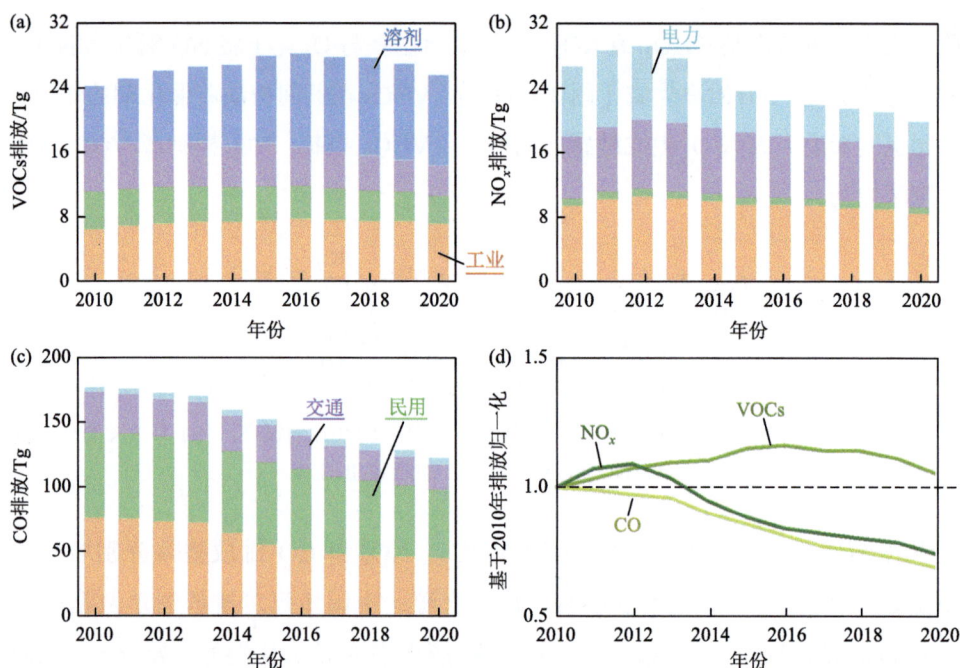

图 3.2　2010～2020 年全国（a）VOCs、（b）NO$_x$ 和（c）CO 分部门排放；（d）基于 2010 年排放归一化的 VOCs、NO$_x$ 和 CO 年际趋势

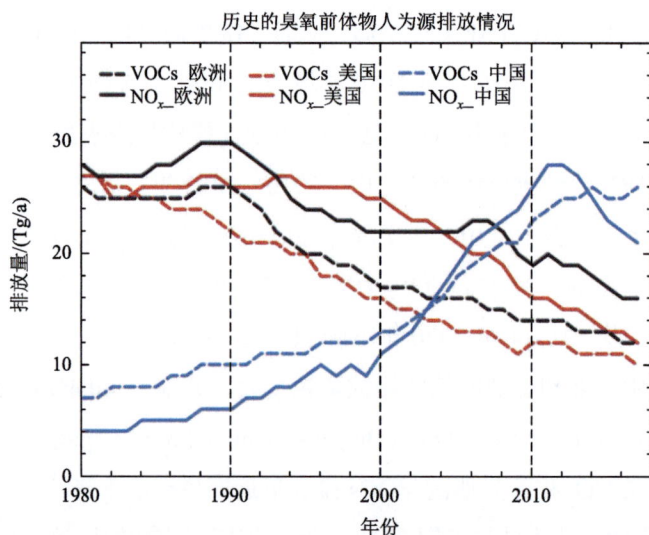

图 3.3　中国、美国和欧洲的 NO$_x$ 和 VOCs 排放变化趋势（1980～2020 年）

当前我国城市 O$_3$ 生成敏感区仍基本处于 VOCs 控制，VOCs 减排力度尚需大幅度加强。图 3.4 总结了京津冀、长三角、珠三角和成渝地区 O$_3$ 敏感性研究的结

果。目前，我国四大城市群区域的 O$_3$ 生成大部分处于 VOCs 控制区，部分站点处于过渡区，城市地区受 NO$_x$ 滴定作用明显。北京城市和郊区均呈现较强的 VOCs 控制属性，NO$_x$ 削减的不利效应显著；长三角地区，除区域背景站点外，城市点位的 VOCs 控制属性十分突出；珠三角地区与京津冀地区的结果相似，在城市地区为 VOCs 控制区，在郊区处于 NO$_x$ 控制；成渝地区则与长三角类似，在重庆郊区出现 NO$_x$ 控制区，其他地区 VOCs 控制属性显著。值得注意的是，包括城市站点在内，所有地区的天然源 VOCs 的相对增量反应活性（RIR）值均显著大于 0，表明天然源排放对我国城市区域的 O$_3$ 生成有不可忽略的贡献（Jiang et al.，2018；Tan Z et al.，2019a）。

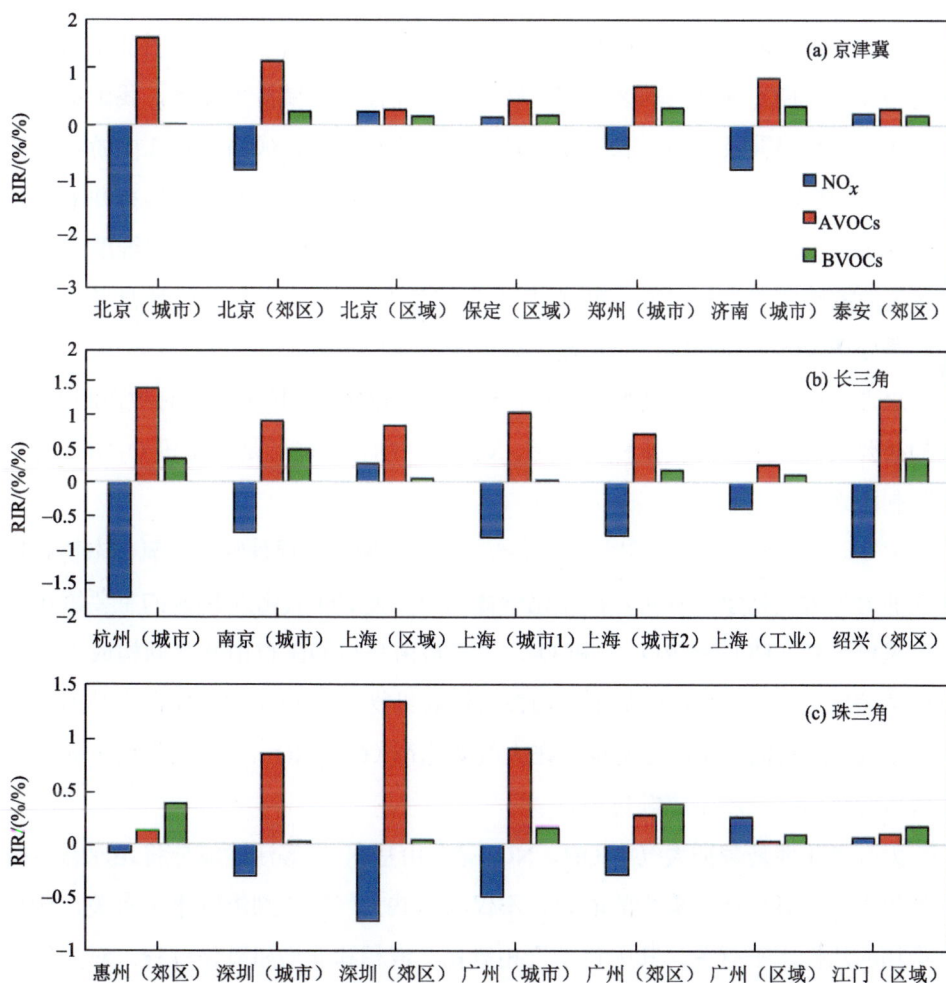

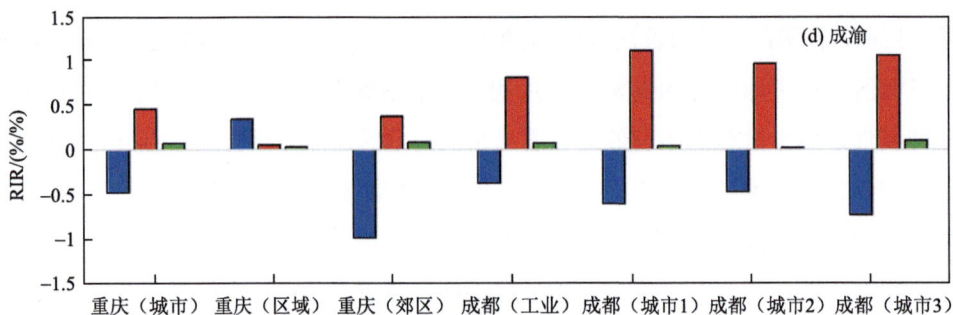

图 3.4　观测期间各站点主要 O_3 前体物类别的相对增量反应活性（RIR）。（a）京津冀，（b）长三角，（c）珠三角，（d）成渝

近期研究发现，随着我国大气污染治理工作的不断推进，NO_x 排放量逐步下降，O_3 生成对 NO_x 的敏感性呈增强趋势，部分地区的 O_3 生成敏感性正由 VOCs 控制向 VOCs-NO_x 混合控制区转变。然而，在现有 NO_x 减排力度下，我国主要污染区域（如京津冀及周边、长三角、珠三角、汾渭平原、成渝和长江中游城市群等），尤其是中心城市夏秋季节 O_3 生成处于 VOCs 控制区的整体形势并未改变（Ren et al.，2022；Wang T et al.，2022b；Tang et al.，2022）。在时间维度上，O_3 对 NO_x 的敏感性在正午比清晨更强，夏季也比冬季更强。北京和上海等城市在 2020 年冬季处于 VOCs 控制区，而在夏季则处于协同控制区。

总之，在当前 O_3 前体物排放条件下，强化 VOCs 减排仍然是有效遏制 O_3 污染的必要条件，而 NO_x 减排程度不足、VOCs 控制相对滞后是现阶段 O_3 治理的主要限制因素。

大气氧化性是对流层 O_3 生成的核心驱动力。驱动还原性物质向氧化态物质转化的能力是大气化学的本质。在光化学体系中，使 NO 氧化为 NO_2 的主要氧化剂是过氧自由基（$HO_2·$ 和 $RO_2·$）和 O_3，过氧自由基与 OH 自由基共同构成了 HO_x 自由基循环过程。过氧自由基主要由挥发性有机物（VOCs）与 OH 自由基的氧化反应生成，而其他还原性物质也会在大气氧化剂（OH·/NO_3·/O_3）的作用下向氧化态气体转化并进一步生成颗粒物。

大气氧化性是表征大气中 OH、NO_3 等自由基和 O_3 等活性成分将还原态污染物氧化生成高氧化态污染物的能力，不仅与这些大气氧化剂浓度水平有关，还与污染物的活性水平有关，其中包括气相氧化、液相和非均相氧化过程。对大气氧化性进行定量的表征可通过以下的方式来描述：第一，通过定量一次污染物在大气中准一级化学反应氧化去除速率加和，来建立大气氧化潜势指数（AOIp）；第二，从化学反应热力学原理出发，基于气相反应和多相反应的共同作用，推算一次排放的还原性前体物向氧化性二次污染物转化过程中得失电子的总摩尔数量，来建立表观大气氧化指数（AOIe）。

尽管在大气氧化性的量化表征中，对液相和非均相氧化过程的定量估算仍有较大不确定性，但研究结果表明，在我国复合污染大气条件下，无论是在光热条件较强的夏季还是光热条件较差的冬季，我国典型城市地区均存在大气强氧化性，主要指标 AOIp 与德国郊区站点的估算结果相比高约一个量级（Li Z et al.，2018；Liu Z et al.，2021；Xue et al.，2016）。同时，大气氧化性的表现特征存在显著的季节差异。夏季，HONO、O_3 等光解的高强度自由基初级来源和自由基快速光化学循环的放大能力共同维持了大气强氧化性；冬季，则是自由基快速去除速率和污染物复杂的多相反应共同维持了污染过程中大气强氧化性。例如，北京站点夏季气相氧化贡献的 AOIp 平均约为冬季的 5～9 倍（图 3.5），但由于冬季高浓度 $PM_{2.5}$ 造成的多相反应贡献，AOIe 在冬季和夏季平均值差别不大，甚至在重污染天明显高于夏季。

大气氧化性是 O_3 和二次 $PM_{2.5}$ 形成的内在关联，主导了 O_3 和二次 $PM_{2.5}$ 的协同关系。O_3 和二次 $PM_{2.5}$ 是大气氧化性驱动下的自由基链循环反应的结果，两者同根同源。由 OH 自由基主导的气相氧化过程对 O_3 生成起着决定性的作用，而其他氧化剂在多相反应中对二次颗粒物的生成有重要作用，因此综合评估大气氧化性是厘清二次污染的关键。比如在冬季重污染天气时，气相氧化过程并不能完全解释大气氧化性的来源，而二次气溶胶快速生成则揭示了液相和非均相反应是冬季大气氧化能力的重要来源（图 3.6）。

在较高的大气氧化性水平下，O_3 和 $PM_{2.5}$ 存在显著的正相关关系（Qin et al.，2022），这表明大气氧化性在两者的协同治理中扮演着重要作用。对污染物观测数据的长时间序列分析结果显示，我国部分重点区域逐年升高的大气氧化性使得旨在通过严格减排 SO_2、NO_x 等前体物以降低 $PM_{2.5}$ 二次组分（SO_4^{2-}，NO_3^- 和 SOA[①]）

---

① SOA 为二次有机气溶胶。

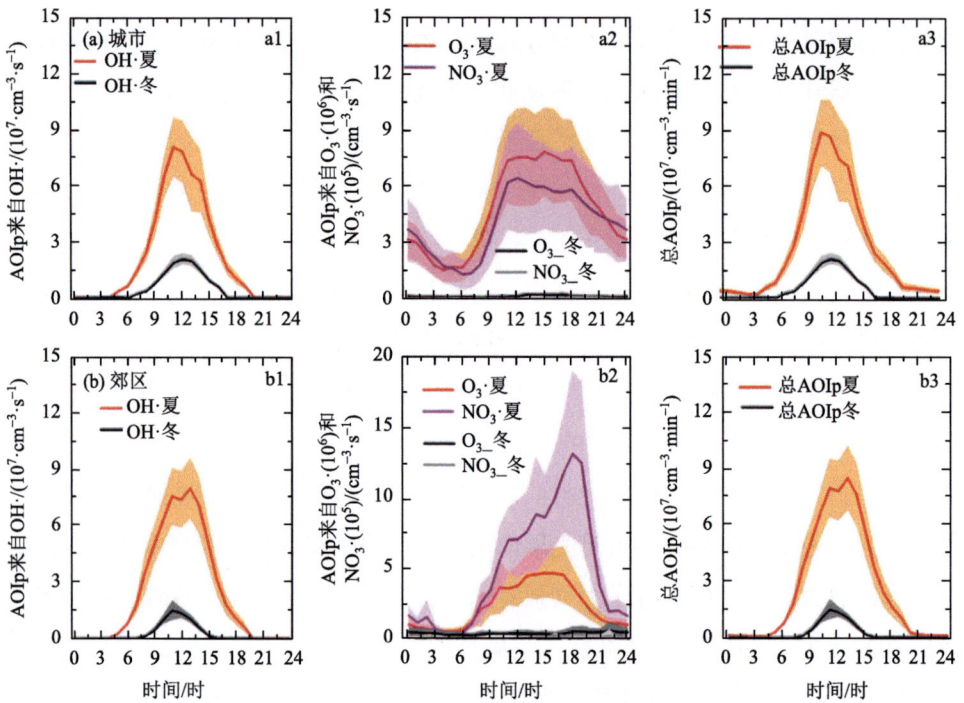

图 3.5　北京城市（a）和郊区（b）站点夏、冬季节总 AOIp 及各氧化剂（OH、O_3 和 NO_3 自由基）的贡献（Liu Z et al.，2021）

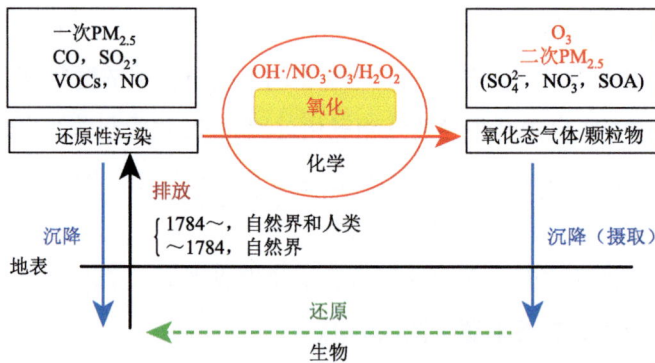

图 3.6　大气二次污染 O_3 和二次 $PM_{2.5}$ 生成概念图

的效果并不如预期。例如，2010～2017 年，华北地区 NO_x 排放减少 31.8%，但由于冬季 OH· 和 O_3 升高，造成 NO_x 向 HNO_3 转化效率提高 38.7%，最终造成硝酸盐浓度变化几乎可忽略不计（Fu et al.，2020）。同时前体物 NO_x 减排和 O_3 浓度升高造成夜间大气氧化性增强，促进 N_2O_5 生成，可能对硝酸盐的夜间化学生成产生促进作用（Zhou M et al.，2022）。2020 年初疫情管控期间，升高的 O_3 和 NO_3 自由基水平造成 $PM_{2.5}$ 二次组分增加也体现了大气氧化性对 O_3 和 $PM_{2.5}$ 的共同影响（Feng et al.，2022b；Huang et al.，2020a）。

目前，已清楚地认识到大气氧化性对二次污染生成的重要作用，但对大气氧化性的科学内涵和定量表征还较为薄弱，需选择典型区域开展更加深入全面的研究。

2. 颗粒物对 O_3 的影响

近年来，颗粒物持续下降对 O_3 生消过程的影响引起了广泛关注。O_3 和 $PM_{2.5}$ 不仅同根同源，还可以通过多种途径相互影响。一方面，O_3 形成的光化学过程能够提供二次 $PM_{2.5}$ 所需的氧化剂或前体物，促进二次 $PM_{2.5}$ 的化学生成。另一方面，颗粒物可以通过散射或吸收太阳辐射改变光解速率和颗粒物表面非均相化学反应来影响大气自由基进而影响 O_3 的浓度变化。

其中，颗粒物对太阳辐射和光化通量的影响与其化学组成、物理形态、混合状态以及垂直分布等密切相关。吸收型颗粒物（例如内混状态下的黑碳组分）浓度下降可导致 O_3 浓度上升；散射型颗粒物（例如内混和外混状态下的硫酸盐、硝酸盐和有机酸等）浓度下降可能导致 O_3 浓度下降。颗粒物表面非均相化学过程可能产生自由基活性前体物（例如 HONO），或去除自由基及其活性前体物（例如 HO_2 和 N_2O_5 非均相摄取过程），从而增加或减少大气氧化剂的浓度，进而促进或抑制 O_3 的化学生成。

基于 2015~2020 的监测数据，最新研究结果显示 $PM_{2.5}$ 与 O_3 的浓度相关性具有不同的时空分布（Qiu et al.，2023）。从年均看，中国北方大部 $PM_{2.5}$ 与 O_3 呈现负的相关性，即 $PM_{2.5}$ 下降而 O_3 上升；而在南方则呈正相关，即 $PM_{2.5}$ 下降而 O_3 也下降，这种特征在冬天更为显著。影响 $PM_{2.5}$ 和 O_3 关系的因素比较复杂，区域间的天气差异、污染物排放构成差异、大气氧化性的差异导致化学机制的差异，都会对 $PM_{2.5}$ 浓度产生影响进而影响 O_3 的演变趋势。

有模型研究指出，2013~2017 年我国华北平原地区 $PM_{2.5}$ 浓度降低约 40%，导致 HO_2 自由基非均相摄取量削弱，使得我国 O_3 浓度不断升高（Li K et al.，2019）。但该研究结论存在较大的不确定性，主要来自 HO_2·非均相摄取系数的定量（Song et al.，2020；Tan et al.，2020）。此外，有研究认为，颗粒物浓度下降对 O_3 的促进作用抵消了 VOCs 减排的效果，同时可能导致 O_3 生成敏感性产生变化，并以此提出 NO_x 控制—VOCs 控制—气溶胶/VOCs 混合控制区的概念（Ivatt et al.，2022；Shao et al.，2021；Song et al.，2021；Tan Z et al.，2022）。

　　基于长期的观测数据，以北京为例定量分析 O_3 变化趋势与大气氧化性的联系。结果表明，北京地区 O_3 的污染从 2005 年至 2020 年呈先增后降的趋势，整体趋势可通过以 OH·浓度为表征的大气氧化性变化来解释［图 3.7（a）～（d）］。其中，NO_x 和 VOCs 活性的下降使 OH·浓度分别增加 56% 和减少 23%，导致整体自由基反应链长变化较小。颗粒物的下降则既增加了光化通量也减少了颗粒物表面的 HO_2 自由基非均相摄取，分别导致 OH 自由基浓度增加 44% 和 15%。对于自由基初级来源 $P(RO_x)$ 的影响，是导致 O_3 生成变化的主要原因。因此，可通过相对增量反应活性结果［图 3.7（e）］对 O_3 生成的关键因素进行半定量描述。不过，各因子在不同区域、不同污染条件的相对重要性可能发生变化。

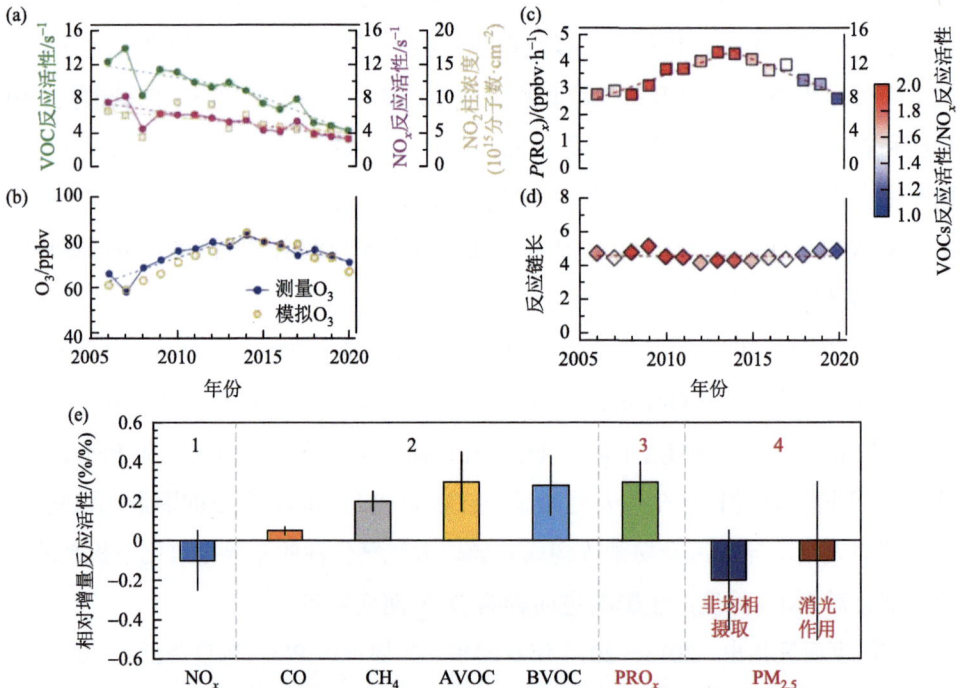

图 3.7　（a）～（d）：北京长期 O_3 污染变化趋势与大气氧化性的关系（Wang et al.，2024）；（e）：O_3 生成的控制因素的相对增量反应活性（Lu et al.，2023）

综上，颗粒物与 O_3 生成的相互作用机制较为复杂，虽然目前已有一些定性认识，但在主导机制和定量表达等方面还存在较多争议，如颗粒物的辐射特性、颗粒物表面非均相反应的速率和影响因素、颗粒物垂直分布等，相关过程的定量研究是厘清颗粒物下降对 O_3 污染变化趋势的前提。

3. 自由基化学

近年来，自由基化学的新进展丰富了人们对 O_3 生消机制的认识。 大气氧化性的复杂性主要体现为自由基化学过程与前体物的高度非线性关系，因此建立完善的大气自由基化学机理是实现 O_3 科学防控的关键。国内外 OH 自由基的实测研究极大丰富了人们对 O_3 和 $PM_{2.5}$ 等大气污染过程成因的认识。

1998～2006 年间，美国、德国、英国和日本等国家的研究小组在全球重要的城市进行了十余次自由基外场观测实验，为自由基化学研究提供了大量的观测资料。国内相关研究团队在京津冀、珠三角、长三角、成渝等地区开展了十余次自由基观测实验，深化了污染背景下大气自由基化学反应机制的科学认识，并发现了我国复合污染大气条件下存在一些新的自由基反应机制，其中包括自由基初级来源、循环再生和终极去除过程等，可显著影响不同化学条件下的大气氧化性来源和构成，进而影响 O_3 等二次污染生成（Hofzumahaus et al.，2009；Lu K et al.，2019；Lu et al.，2012；Lu et al.，2013；Ma X et al.，2019；Ma X et al.，2022；Tan Z et al.，2019b；Tan et al.，2017；Tan et al.，2018；Tan Z et al.，2022）。

表 3.1 总结了近年来自由基化学研究的新进展及其对 O_3 生消过程的影响。在自由基初级来源构成方面发现，亚硝酸（HONO）是污染城市地区最重要的自由基初级来源，其存在新的未知来源，包括颗粒物硝酸盐光解、NO_2 表面光增强反应等非均相反应过程和施肥后土壤排放过程等，可极大增加 HONO 大气浓度；活性卤素化合物（如 $ClNO_2$、Cl_2 和 BrCl 等，在颗粒物表面氯活化生成）的光解过程可提供大量卤素自由基，通过氧化 VOCs 生成 RO_2 自由基，显著增加污染城市地区大气氧化性来源；人为源排放的高浓度单萜烯（例如生物质燃烧等过程）可与高 NO_x 浓度耦合，显著增强我国东部城市群地区 O_3 的生成。

在自由基循环再生方面发现，部分复杂 RO_2 自由基可发生自氧化过程。即在无 NO 参与条件下，通过多步氢转移过程再生 OH 自由基，进而增加自由基反应链长，导致更多 VOCs 被氧化，从而影响 O_3 化学生成。

表 3.1　自由基化学研究新进展及其对 O_3 生消过程的影响

自由基化学新进展	对 O_3 生消过程的影响	参考文献
HONO 非均相来源	增加 $P(RO_x)$，增加 $P(O_3)$	（Andersen et al.，2023；Han et al.，2016；Liu et al.，2019；Stemmler et al.，2006；Su et al.，2011；Ye et al.，2016）
活性卤素来源	增加 $P(RO_x)$，增加 $P(O_3)$	（Peng et al.，2021；Peng et al.，2022；Tan et al.，2018）
人为源单萜烯	增加 $P(RO_x)$，增加 $P(O_3)$	（Wang H et al.，2022b；Li J et al.，2022；Qu et al.，2021；Wang W et al.，2022）
OVOCs 光解	增加 $P(RO_x)$，增加 $P(O_3)$	
RO_2 自由基自氧化	增加 VOCs 氧化，不显著改变 $P(O_3)$	（Fuchs et al.，2013；Peeters et al.，2009；Peeters et al.，2014）

目前，上述新机制所涉及的相关反应和关键动力学参数等仍存在较大的不确定性，不同 RO_2 自由基的氢转移机制和反应速率存在较大差异，且目前大多停留在量化计算阶段，其真实大气环境效应仍未可知；不同种类单萜烯反应活性差异巨大，对二次污染生成贡献存在较大差异，但目前仍未实现单萜烯的分物种测量。因此，大气自由基新机制及其二次污染生成影响的相关研究可能是未来大气化学领域研究的关键突破口。

第二节　我国臭氧污染形成的气象影响

大气污染物浓度与温度、湿度、辐射和边界层高度等气象要素密切相关，不同尺度天气和气候变化对大气污染影响程度不同。短期污染事件的特征和强度主要受气象因素影响，而长期的浓度变化趋势则与污染物的排放有着密切的关联。此外，气候变化也可以通过影响极端天气气候事件的频率和强度来影响大气污染物浓度。

1. 气象要素

高温、低湿和强辐射是 O_3 污染发生的典型气象条件。 O_3 是光化学反应的产物，其浓度高低与温度、湿度、辐射和边界层高度等气象要素密切相关。气象要素主要通过影响前体物排放、污染物输送、化学反应速率和干沉降过程等途径影响 O_3 浓度。具体包括：①通过温度、湿度等气象要素影响植被 VOCs、土壤活性氮、野火排放等前体物的天然源排放，影响 O_3 的化学反应；②通过水平风速和垂直扩散能力影响 O_3 及前体物的输送和扩散过程（包括平流层 O_3 向对流层的输送）；③通过辐射和气温等气象要素的变化影响大气化学反应速率，导致大气氧化性发生变化，进而影响 O_3 的光化学形成；④通过温度、湿度等气象要素影响植被的气孔开闭及对 O_3 的吸附（沉降）过程。需要指出的是，气象条件对 O_3 的影响往往是多途径的叠加过程。

基于观测的气象要素和 O_3 污染的统计结果显示，高温、低湿、光照充足、小风静稳的气象条件有利于 O_3 污染的形成。由于气象要素及气候系统往往存在不同时空尺度的变化，气象条件对 O_3 污染的影响具有较强的时空变化特征。从天气尺度上的局地 O_3 污染事件，到年际尺度上的区域 O_3 浓度波动，再到长期气候变化背景对 O_3 的影响，会受到不同的气象因子调控（图 3.8）。

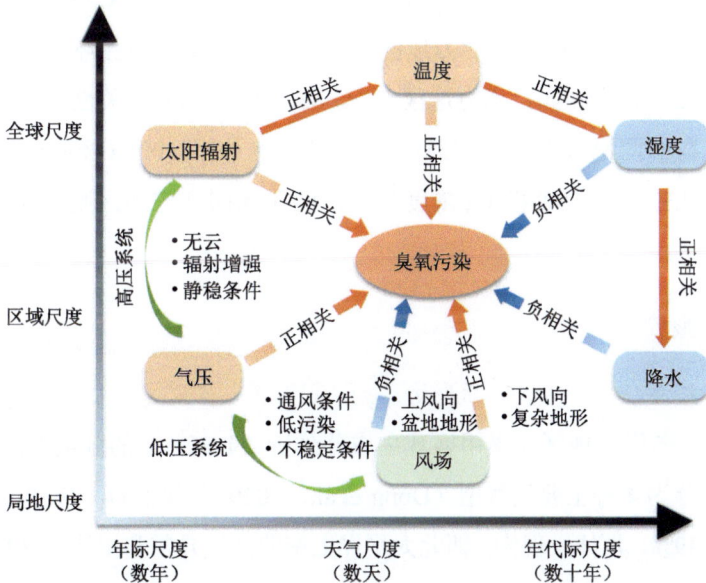

图 3.8　气象条件影响 O_3 浓度的主要过程（修改自 Nguyen et al.，2022）

通常，在短期几天内人为排放的变化十分有限，O_3 浓度的波动变化很大程度受到气象条件的影响。欧美地区一般利用静稳天气指数来表征污染天气，我国从单点的观测数据到生态环境部空气质量监测网的建立，已有不少研究利用统计方法等研究手段获得了全国尺度上 O_3 和局地气象变量的相关关系。尽管不同气象因子对 O_3 浓度影响存在显著差异，但总体而言，温度、日照时长、边界层高度与 O_3 浓度呈正相关关系，相对湿度、海平面气压与 O_3 浓度呈负相关关系（Han et al.，2020；Li K et al.，2019）。

影响 O_3 污染的主导气象因子具有高度的时空差异。 从气象因子的重要性来看，温度是影响 O_3 浓度最重要的因子（Hu et al.，2021），一般认为 O_3-温度斜率通常为 2～8ppb/℃。在我国，这一特征在华北地区尤为显著，华北的夏季温度和区域 O_3 浓度的平均相关系数达到 0.45，而珠三角和长三角区域的平均相关系数分别只有 0.36 和 0.15。在长三角地区，一般认为 O_3 污染更依赖于相对湿度，相关系数达到-0.53，这在几个重点城市群地区是最高的。

从季节来看，春季和秋季，我国大部分地区 O_3 浓度主要受温度影响；夏季，我国约 50%城市的 O_3 浓度主要受温度影响，此外，湿度对 O_3 浓度的影响也较为明显；冬季，温度和湿度为 O_3 浓度主导因素的城市数量相当（Chen et al.，2020）。

从区域来看，南方地区与北方地区相比，O_3 浓度受区域性环流的影响更显著（Han et al.，2020）。例如，南方地区 O_3 与 850hPa 风场的相关性明显更高。且风向或者风速在不同地区对 O_3 的影响差异较大，例如，850hPa 经向或纬向风速越大，在我国北方往往伴随着 O_3 浓度升高，但在我国南方地区则伴随着 O_3 浓度降低。

2. 天气形势

O_3 污染事件往往依赖于天气形势，因此识别天气形势是建立 O_3 污染快速预报预警的基础。 在华北地区，采用客观主成分分析（T-PCA）的分类方法将 2014～2018 年夏季分为 4 种主要天气型（Dong et al.，2020），其中 O_3 污染最为严重的天气型占比为 39%。具体表现为：西北太平洋上空的高压异常和围绕东北地区的低压中心将华南内陆的干燥温暖的空气沿西南路带入华北地区，导致了华北地区出现高温低湿的环境，促进了 O_3 的生成。统计发现，该天气型中有 52%的天气与 O_3 污染有关，MDA8 O_3 最大值可超过 265μg/m³。利用 GEOS-Chem 模型对 2014～2017 年华北平原 27 次严重的 O_3 污染事件进行定量分析发现，高压系统控制下有利的光化学净生成和垂直输送是导致 O_3 污染事件的最主要原因（Gong et al.，2019）。

在长三角地区，由于受热带和中高纬度天气系统的共同影响，O_3 污染的主导天气形势更为复杂。相关研究识别了造成长三角 O_3 污染的 5 种天气形势，结果发现西太平洋副热带高压减弱（类型 1，41.4%）、大陆高压减弱和阿留申低压南下（类型 2，23.3%）、南方低压减弱（类型 4，14.3%）最为频发。在这些天气形势下，长三角地区相对湿度显著降低、太阳辐射显著增加，进而促进了高浓度 O_3 的生成（Gao D et al.，2021）。采用自组织映射（SOM）方法确定了 2013~2017 年长三角的 6 种主要天气型，其中 O_3 污染最为严重的类型所占比例为 11.5%，区域平均的 O_3 污染天达到 19.2%，主要表现为偏北风；其余还有反气旋（11.5%）、东北风（19.6%）以及西南风（25.7%）等天气型也导致了 O_3 污染发生（Shu et al.，2020）。另外，基于 2012~2017 年上海佘山岛一个偏远海上站的 O_3 观测浓度和模式模拟分析发现，东部海洋流入空气中 O_3 的增加将导致从海洋到大陆的梯度增加，可使沿海城市 O_3 浓度增加 20%~30%（Gu et al.，2020）。

在珠三角地区，通过对 2006~2019 年 O_3 污染事件进行分类，识别出以偏东风为主导的天气型（主要表现为相对稳定的水平风向和稳定的垂直结构）、反气旋天气型（以旋转的风向和微弱的水平风速为特征）和台风天气型（特征为高温、强辐射、垂直下沉和强水平风速），这三种天气型占到所有 O_3 污染事件的 75%（Chen X et al.，2022）（表 3.2）。利用地面向下短波辐射通量、相对湿度和风速数据构建的 O_3 天气指数（OWI），探究 2014~2020 年珠三角秋季 O_3 浓度明显上升的原因发现，OWI 越大、辐射越强、相对湿度越低、风速越小的天气类型越有利于 O_3 的产生和积累（Xu J et al.，2023）。通过对 1994~2018 年更长时间尺度我国南部沿海地区 O_3 观测浓度的分析发现，O_3 每年增加 0.5ppb 且主要发生在 25 年间的前半段，这与减弱的海洋 O_3 传输有关（Wang et al.，2019）。

在川渝地区，静稳天气条件下典型盆地地形极易发生 O_3 污染。通过对 2017 年 7 月 O_3 污染事件的分析发现，较高的温度、较强的太阳辐射、较低的相对湿度和较低的风速有利于形成高浓度 O_3 污染（Yang et al.，2020）。而在春季，四川盆地上空发生严重 O_3 污染主要是由于高压系统持续存在于盆地西部并产生东北风场，导致北部域外大气污染物输送的增强，对四川盆地 O_3 的贡献超过 50%（Yang et al.，2021）。近期，有研究采用客观主成分分析方法将 2015~2019 年夏季分为 5 种环流型，其中东北高压型和高压底部型 O_3 浓度较高，分别为 163μg/m³ 和 168μg/m³，O_3 污染天可分别达到 49.3% 和 52.6%，这两种天气型均为高温、低湿和少云的天气条件（史文彬等，2022）。

上述分析对应我国重点城市群 O_3 污染的典型天气型见表 3.2 所示。

表 3.2　我国重点城市群 O_3 污染的典型天气型

区域	典型天气型	参考文献
华北平原	高压反气旋型环流	（Dong et al.，2020；Gong et al.，2019）
长三角地区	西太平洋副热带高压减弱 大陆高压减弱和阿留申低压南下 海陆风	（Gao D et al.，2021；Gu et al.，2020；Shu et al.，2020）
珠三角地区	偏东风为主导的天气型 反气旋天气型 台风天气型	（Chen X et al.，2022；Xu et al.，2023）
四川盆地	东北高压型 高压底部型	（Yang et al.，2021；史文彬等，2022）

3. 区域输送

以城市排放为基础的 O_3 污染是导致区域性 O_3 污染的主要原因。 受气象条件的影响，O_3 及其前体物 NO_x 和 VOCs 存在跨区域和同区域内城市间的输送，包括水平输送和垂直输送，进而影响 O_3 浓度的时空分布。

O_3 的垂直混合可以显著影响其在对流层中的分布。研究表明，对流层高空的 O_3 可能向下混合到地表，造成近地面 O_3 浓度升高甚至导致 O_3 污染事件。日间 O_3 的垂直混合可以显著影响其在对流层中的分布。例如，北京 O_3 的垂直传输最大可贡献日间 O_3 的 30%；上海午间近地面平均 15ppb 的 O_3 来自垂直输送；汾渭平原垂直传输对近地面 O_3 的贡献可达 26%；成渝地区垂直输送也是日间 O_3 增加的主要原因，约贡献 20ppb（Yang et al.，2020）。另外，夏季夜晚低空急流的出现，可导致残留层中的高浓度 O_3 被快速输送到地表，造成夜间 O_3 浓度的升高（Wu et al.，2023）。

相比 O_3 的垂直混合，水平输送对区域性的 O_3 污染更为显著。通过系统解析 2018～2020 年 O_3 污染季我国重点城市群的 O_3 及其前体物来源贡献和传输贡献规律发现：①在京津冀地区，北京 O_3 污染的区域传输主要来自山东（～12%）和河南（～11%），且随着 O_3 浓度增加，河南对北京的贡献逐渐增大；②在长三角地区，上海等主要城市的 O_3 仍以本地生成为主（～73%）。O_3 前体物 NO_x 和 VOCs 也多来源于本地，上海、南京、杭州等重点城市的本地贡献均超过 80%；③汾渭平原和长三角地区相似，本地排放占主导地位，其贡献可超 90%。以太原为例，河南和京津冀地区是其 O_3 区域传输的主要贡献源，分别占～7%和～6%。但随着 O_3 污染的发生，区域传输对汾渭平原的贡献增加不甚明显；④在珠三角地区，32%左右的 O_3 来自区域外传输，在 O_3 污染时段，来自我国中部省份的传输明显增多，最高可达 30ppb（Shen et al.，2022；Wang et al.，2021）。图 3.9 系统地评估了不同城市群之间通过输送过程对 O_3 造成的影响。

区域内城市间的污染输送对高浓度的 O_3 形成也有重要作用。在京津冀地区，2015 年 6 月对北京和天津市近地面 O_3 影响最大的是河北省的中南部城市，其贡献率近 30%（Han et al.，2018）；在长三角地区，2018 年 5～6 月来自区域内浙江（11%）和江苏（10%）的 O_3 输送，对上海的 O_3 浓度有重要作用（Gong et al.，2021）；在珠三角地区，2017 年 9 月用不同的源解析方法均表明本地和区域内的城市输送对广州、佛山和肇庆的 O_3 浓度有重要贡献（Fang et al.，2021）。

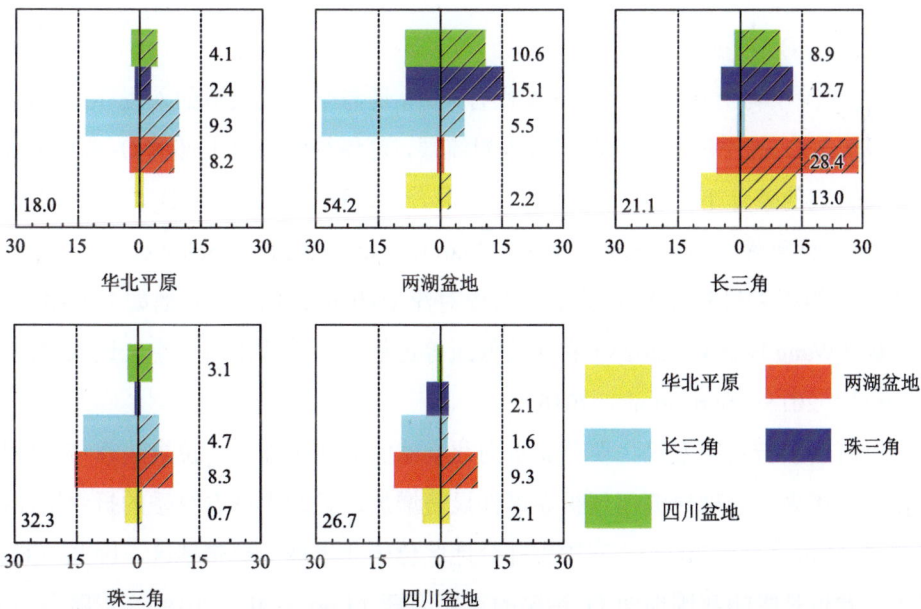

图 3.9　我国大气污染重点防控区域间臭氧传输贡献百分比（%）。各分图中左侧部分为对应地区的臭氧输入、右侧部分为输出；左下角的数字表示外来输送臭氧对该地区臭氧的贡献百分比（%）（根据 Shen et al.，2022 修改）

由于本地生成和区域输送的共同作用，京津冀及周边地区、长三角地区和汾渭平原的区域性连片 O_3 污染时有发生，且 O_3 污染的区域性特征与 $PM_{2.5}$ 污染存在明显差异，因此有必要实行差别化的分区管理。通过集成定量和定性指标的多个解析结果，同时考虑现行区域大气污染防治实践，可将全国划分为 15 个空气质量管理分区（Qiu et al.，2023）。根据不同区域 O_3 污染发生的典型时期，各区域需关注其重点防控时段，如京津冀鲁豫、汾渭平原、长三角地区 O_3 污染防控的重点时段为 5～9 月，粤港澳大湾区为 8～11 月，成渝地区为 4～8 月；长江中游地区为 8～9 月；辽中城市群为 5～7 月。

此外，O_3 的长距离跨境传输也会通过对流层中层和上层传输影响我国，有研究显示在外来的 O_3 中有 60%来自于北美、欧洲以及外海地区（Han et al.，2019）。日本和韩国的排放在大陆高压东移的过程中，对我国东南沿海的高浓度 O_3 亦有贡献（Zheng Y et al.，2021）。尤其在我国实施深度减排的背景下，需要特别关注周边国家排放变化对我国臭氧污染造成的影响。

4. 平流层入侵的影响

平流层 O_3 入侵可能会增加近地面 O_3 的浓度，但具有极强的时空差异。对流层 O_3 污染除了与对流层的光化学过程有关外，还与平流层气流的入侵存在密切的关系。富含 O_3 的平流层空气向下进入对流层，可使得对流层上部的 O_3 浓度升高，在一些特定的条件下，可进一步通过湍流混合等过程导致近地面 O_3 浓度的增加并引起 O_3 污染事件（Tian et al.，2010；Zhao K et al.，2021；Chen Z et al.，2022）。对流层顶的折卷过程是平流层空气入侵对流层的主要形式，其他如大气中重力波破碎（Wang H et al.，2023）和切断低压等过程也会导致平流层空气进入对流层（Li et al.，2015；Song et al.，2016）。

对流层顶折卷频发区主要分布于南北半球的亚热带地区，位置随季节而发生变化。近年来，全球对流层顶折卷事件显著增加，且北半球春夏季的折卷增加趋势较强（Lin et al.，2023）。我国大部分地区位于北半球亚热带地区，因此，对流层顶折卷也是影响我国地面 O_3 污染的重要因素（Luo et al.，2019）。青藏高原上空对流层顶折卷频发，由于高原容易形成深厚的边界层，当对流层顶折卷下部存在湍流层时，高空湍流与边界层湍流耦合，使来自平流层高浓度 O_3 的空气与近地面空气混合，对高原上空的对流层 O_3 浓度产生很大的影响（Zhang et al.，2010；许平平等，2015；Chou et al.，2023；Zhang et al.，2023）。另外，尽管夏季对流层顶折卷易发于高原北部，且强度较弱、频率较小，但对高原对流层的影响很大。观测资料和模式结果显示，夏季青藏高原 15 个站点在对流层顶折卷发生时，地表 O_3 浓度整体高于未发生对流层顶折卷时的情景，两者平均相差 15.9ppb，其中差异最大为 28.51ppb（陈闯等，2012；Liang et al.，2023）。除青藏高原外，平流层空气入侵还可影响我国东部地区春、夏季 O_3 污染频次（Wang et al.，2020）。模式结果显示，2003～2013 北京地区对流层 O_3 整体呈明显增加趋势，由平流层向下输送造成的对流层 O_3 总量每年增加约为 0.13×10^{-3}～0.17×10^{-3}Tg，对北京地区对流层 O_3 总量的增加贡献约 20%（李洋等，2018）。此外，罗斯贝波破碎是引发平流层入侵的重要机制之一，较强的波破碎过程对长三角春季、夏季 O_3 污染有显著影响，可贡献 10～15ppb，10%～15%（Wang H et al.，2023）。近期研究也发现，在 2019 年 8 月 14～18 日的一次平流层入侵时间，对华北平原的 O_3 贡献达 $320\mu g/m^3$ 和 6%～20%（Zhang Y et al.，2022）。

综上，深入分析平流层与对流层物质交换影响对流层 O_3 的机理并量化其贡献，对我国 O_3 污染防控具有重要启示意义。

第三节　我国臭氧浓度演变趋势归因分析

O_3 浓度的变化与气象条件和污染物排放紧密相关。近年来，我国 O_3 浓度依然呈现高位震荡。在我国长期减排政策和疫情的影响下，O_3 前体物排放结构发生了显著变化；与此同时，全球气候变化导致极端气象条件频发，为 O_3 污染带来深刻且复杂的影响。如何量化排放和气象条件变化对 O_3 浓度的贡献成为理解 O_3 污染成因的关键。

1. 年际趋势分析

气象条件和人为排放变化对 2013～2020 年 O_3 污染趋势均有重要贡献。有研究基于化学传输模型、数学统计分析和机器学习等方法评估了气象和排放变化对 O_3 浓度长期变化趋势的定量贡献。结果显示，O_3 污染的年际变化趋势受气象条件和人为排放变化的共同影响，但影响的大小存在明显的区域差异（表 3.3）。

　　从全国尺度看，2013～2020 年，气象条件和人为排放的变化分别导致我国 MDA8 O_3 增加 3.6μg/m³ 和 6.7μg/m³，其中人为排放的变化作用更为重要（图 3.10）。2017～2020 年，人为排放对我国 MDA8 O_3 上升的贡献为 1.2μg/m³，远低于 2013～2017 年的 5.2μg/m³。这是由于 2013～2017 年，NO_x 排放大幅度下降但 VOCs 减排力度不足，导致我国的 MDA8 O_3 增加约 5.2μg/m³。相比之下，2017～2020 年，尽管人为减排导致的颗粒物下降使 MDA8 O_3 上升，NO_x 和 VOCs 排放的协同控制一定程度上缓解了我国的 O_3 污染。

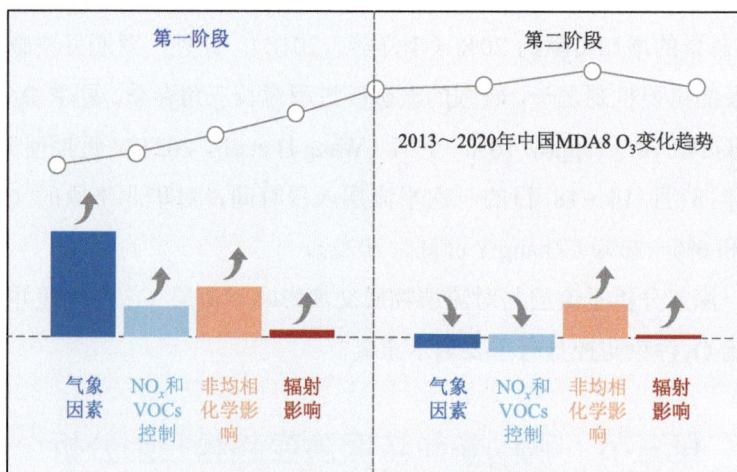

图 3.10　2013～2020 年我国 MDA8 O_3 变化的主要驱动因素（Liu Y et al.，2023）

　　气象条件对近年来 O_3 污染的年际波动有重要贡献。现有研究总体认为，气象条件对 2013 年以来 O_3 上升趋势有重要贡献。表 3.3 列出了利用统计和数值模型评估我国 2013 年以来 O_3 趋势变化的研究。基于统计学模型（比如逐步多元线性回归、随机森林模型等）的研究，利用观测的 O_3 浓度和气象变量进行拟合，进而将气象变量可解释部分的趋势假定为气象对观测 O_3 趋势的贡献。基于数值模拟的研究，利用污染物排放清单和大气化学传输模型，在假定人为排放不变时，定量研究仅由气象变量变化导致的 O_3 变化。

　　根据已有研究，2013～2020 年期间我国及各地 O_3 浓度变化趋势的 23%～80%可以由气象变化解释。尽管上述研究对气象的影响给出了定量评估，但是受限于研究时段、分析对象和方法等的差异，不同研究之间的可比性较差，亟须开展针对相同时段、相同对象的多种模型间的对比和验证研究。

表 3.3　基于统计和数值模型评估气象和排放对 O_3 趋势的贡献研究

年份	季节	方法	文献	气象变化贡献		排放变化贡献	
				绝对值 (ppb/a)	相对值	绝对值 (ppb/a)	相对值
2013~2019	6~8 月	统计模型	（Li et al.，2020）	0.7 (全国) 1.4 (华北)	37% (全国) 42% (华北)	1.2 (全国) 1.9 (华北)	63% (全国) 58% (华北)
2015~2019	全年	统计模型	（Mousavinezhad et al.，2021）	—	32% (京津冀)	—	68% (京津冀)
2015~2019	6~8 月	机器学习模型	（Weng et al.，2022）	0.74 (京津冀)	23% (京津冀)	2.46 (京津冀)	77% (京津冀)
2013~2020	全年	统计模型	（Gong et al.，2022）	—	57%~80%	—	20%~43%
2013~2017	6~8 月	WRF-CMAQ	（Liu et al.，2020）	0.2~1 (华北)	—	2~5 (华北)	—
2012~2017	6~8 月	GEOS-Chem	（Dang et al.，2021）	—	49% (华北)	—	39% (华北)
2013~2017	7 月	WRF-Chem	（Li M et al.，2021）	0.6~1 (华北)	—	—	—
2013~2020	4~9 月	WRF-CMAQ	（Liu Y et al.，2023）	1.8 (全国)	—	3.4 (全国)	—

大尺度气候因子对我国夏季平均 O_3 的影响可达 20%，但影响的正负和量级存在着明显的区域差异。 气候系统中最典型的年际气候变率—厄尔尼诺—南方涛动（ENSO）可以通过影响中国中东部地区的大尺度环流，进而影响 O_3 光化学形成和传输的效率。一般而言，厄尔尼诺期间中国中东部地区 O_3 浓度显著偏高（Wang H et al.，2023），厄尔尼诺（暖位相）年比拉尼娜（冷位相）年中国近地面 O_3 浓度增加了 20%（Yang et al.，2022）。

不同区域 O_3 浓度对异常气候的响应不尽相同。如厄尔尼诺年京津冀地区夏季 O_3 浓度偏高，而长三角地区夏季 O_3 浓度无明显变化；拉尼娜年京津冀地区夏季 O_3 浓度无明显变化，而长三角地区夏季 O_3 浓度则偏高（Lu et al.，2022）。厄尔尼诺对 O_3 的影响还扩展到对流层中高层，O_3 通量辐合是中国南方对流层 O_3 增加的主要原因（Yang et al.，2022）。总柱状 O_3（TCO）浓度也明显受到厄尔尼诺现象的影响。在厄尔尼诺事件期间，北半球热带地区的 TCO 显著减少，而中高纬度地区的 TCO 则显著增强；而在拉尼娜事件期间则出现相反的特征（Benito-Barca et al.，2022）。研究还发现，在厄尔尼诺和强东亚夏季风的共同作用下，京津冀地区会受到平流层臭氧入侵的影响，带来 10%～30μg/m³ O₃ 浓度上升，而拉尼娜和弱东亚夏季风则导致长三角地区 O₃ 浓度的下降（Lu et al.，2022）。

西北太平洋副热带高压系统在年际尺度上对 O₃ 污染有明显的影响（Zhao et al.，2017）。有研究利用 2014 年以来的 O₃ 数据开展模式模拟发现，逐日的副热带高压强弱变化对东部夏季 O₃ 有显著的影响，如果副热带高压偏强，华北夏季 O₃ 浓度偏高，而华南夏季 O₃ 浓度偏低，反之亦然（Jiang et al.，2021）。

基于模式和观测的研究指出，我国南方地区夏季 O₃ 污染与东亚夏季风呈显著正相关关系，强季风年相比弱季风年南方大部分地区夏季平均 O₃ 浓度会高 5ppb 以上；除了东亚夏季风，南亚夏季风对我国 O₃ 污染也会产生一定的影响（Zhou Y et al.，2022）。研究发现中国中部的 O₃ 异常的年际变化无法通过 ENSO 单独的影响来解释，而平流层准两年振荡（QBO）可以通过改变垂直输送过程影响中国中部近地面的 O₃ 浓度。

全球变暖和高温热浪正在加剧 O₃ 污染。除了自然气候变率（如 ENSO、季风等），全球气候变化下温度持续升高、连续无降水日增加，均会加剧我国 O₃ 污染的风险。一般认为气候变暖会增强自然源的排放。有研究显示，高温和干旱会促进土壤释放更多的 NOₓ，全球温度每上升 1℃，O₃ 浓度可上升 1～2ppb（Romer et al.，2018）。干旱条件下由于植被对 O₃ 吸收能力减弱，因此全球变暖可通过增加干旱事件致使 O₃ 浓度上升。在 O₃ 传输方面，平流层环流在全球变暖下增强，每年可增加 3%平流层向对流层 O₃ 的垂直输送（Meul et al.，2018），可造成近地面 O₃ 浓度上升 3ppb（Akritidis et al.，2019）。

在全球尺度上，未来上升的水汽将增加 O₃ 的损耗，尤其在清洁地区，如海洋的 O₃ 浓度将大幅度下降（Masson-Delmotte et al.，2021）。数值模拟结果显示，O₃ 变化在陆地与海洋间存在显著差异，我国东部地区地表 O₃ 浓度上升较大。在全球增温 1.5～2.5℃的情景下，假定人为排放不变，我国东部年均 O₃ 浓度将上升 1～3ppb（Zanis et al.，2022）。此外，其他几个独立的研究采用的增暖情景不同，但均表明气候增暖会加剧我国东部的 O₃ 污染（区域最大增幅可达 5～10ppb）（Hong et al.，2019；Wang et al.，2013；Westervelt et al.，2019）。

《中国气候变化蓝皮书（2022）》指出，近 20 年是 20 世纪初以来中国最暖的时期。全球持续增暖的背景下，中国高温热浪频繁发生，并呈现不断增强的趋势。根据我国气象部门规定，日最高气温达到 35℃ 以上称为高温天；高温天持续 3 天以上的天气过程称为高温热浪。有研究发现，高温事件可以促进 O_3 生成并导致 O_3 浓度的增加，O_3-温度斜率通常为 2～8ppb/℃，主要归因于以下三个方面：一是高温热浪下会显著增强化学反应速率和过氧乙酰硝酸酯（PAN）的热分解（Lu X et al.，2019）；二是高温通常伴随着强辐射、低湿度及静稳天气等不利气象条件，促进 O_3 的生成和累积（Pu et al.，2017；Zhou Y et al.，2022）；三是高温热浪期间增加人为和天然源挥发性物质的排放也会促进 O_3 的生成。

2013～2017 年京津冀频繁的热浪造成 2017 年较前几年夏季 O_3 污染更为严重（Wang H et al.，2022b）。热浪期间，低湿、少云和强辐射的气象条件造成长三角地区光化学反应增强 25%（Pu et al.，2017）。同时，持续高温下能源消费和挥发性源排放的增加可能导致人为源 NO_x 和 VOCs 排放上升。Rubin 等（2006）估算日最高气温每增加 1℃ 机动车挥发性源排放的 VOCs 增加 6.5%，这导致机动车 VOCs 总排放增加 1.3%/℃。但应该指出的是，关于人为排放和温度之间的响应关系有很大不确定性。天然源方面，植被排放的挥发性有机物（BVOCs）是大气 O_3 生成的重要活性前体物，在我国华北（Ma M et al.，2019）、上海（Wu et al.，2017）和珠三角（Wang et al.，2021）等地研究中都发现，夏季热浪期间加强的 BVOCs 排放是造成高温下 O_3 浓度升高的重要原因。

2. 2022 年 O_3 反弹分析

2022 年夏季高温异常导致 O_3 反弹。 据中国气象局统计，2022 年夏季（6 月 13 日到 8 月 30 日）是我国中东部自 1961 年有完整气象观测记录以来最严重的高温过程。地表 O_3 观测数据显示，2022 年夏季全国 O_3 浓度呈现明显的反弹，特别是 6 月的华北地区、7～8 月的南方地区最为明显，这与高温事件有高度的时空一致性（杨镇江等，2023）。2022 年 6～8 月 O_3 异常值与温度异常值的空间相关系数分别达 0.71、0.64 和 0.49。

另外，O_3 异常升高与副高控制下的高温、低湿的静稳天气有较强的时空一致性，这表明 2022 年极端高温事件很可能是导致 O_3 异常的主导驱动因素。卫星观测数据也支撑这一判断，2022 年卫星 NO_2 柱浓度（可表征 NO_x 排放）相对于 2019～2021 年无明显变化，但甲醛柱浓度（可表征人为和自然源 VOCs 排放）有显著的升高（与 BVOCs 排放有关）。

近期，有研究利用机器学习方法识别出，2022 年夏季由于副高西伸导致的环流异常对华南地区 O_3 异常升高的贡献在 60% 以上（Zheng et al.，2023）。在气候变暖下，频发的极端高温与 O_3 污染复合事件对环境和社会的影响值得重点关注（Gao et al.，2023）。

3. 疫情期间 O_3 变化分析

2020 年冬春疫情期间，排放和气象变化共同驱动了 O_3 浓度增加。2020 年 1 月底，因疫情暴发，全国各省市实行了不同程度的隔离封控，在冬春季节带来了不同的 O_3 变化（Liu T et al.，2020；Zhu S et al.，2021）。

基于 2019 年 MEIC（multi-resolution emission inventory for China）排放清单和自下而上的排放计算，2020 年中国的人为源 $PM_{2.5}$、NO_x、CO 和非甲烷总 VOCs（NMVOCs）较 2019 年分别下降 5.5%、5.5%、4.8% 和 5.3%（Zheng B et al.，2021）。在疫情封控时段（2020 年 1～4 月），人为源排放下降尤其显著，$PM_{2.5}$、NO_x、CO 和 NMVOCs 分别下降 10.7%、15.1%、12.7% 和 12.9%。

各主要排放源（交通、工业、电力和民用部门）的活动水平在疫情防控期间受到不同程度的影响。其中工业和民用源对 $PM_{2.5}$ 排放下降的贡献最为显著，占比高达 95%。交通和工业源对 NO_x 和 NMVOCs 排放下降的贡献最为显著，达 90% 以上。对于 CO 的排放下降，交通、工业和民用源贡献相当，三者的贡献占比之和超过 95%。

疫情期间 NO_x 和 VOCs 排放呈现不同的下降比例，使不同地区 O_3 生成敏感区发生了变化，影响了 O_3 的化学生成过程。另外，颗粒物的降低减少了光化学反应中自由基的汇，促进了 O_3 的光化学生成。除上述常规行业污染物排放变化外，疫情期间消杀剂的大量使用也带来了一些污染物的增加，比如含氯物质、乙醇类物质、过氧化氢等。但其排放总量、具体化学过程及其对区域 O_3 浓度的贡献还缺少进一步的研究。

从排放和气象的敏感性实验中可以看出（图 3.11），在华北地区，污染物排放和气象改变都在日间 O_3 浓度的上升中起到关键作用，占比分别为 58% 和 42%。在中部地区，气象是日间 O_3 上升的绝对影响因素，贡献达 98%。而在华南地区，气象和污染物排放的变化都带来了 O_3 的下降，贡献分别为 73% 和 27%。而在夜间低 O_3 时段，全国 O_3 浓度呈现上升趋势，气象和排放均发挥重要作用（Liu Y et al.，2021b）。导致北方地区 O_3 升高的气象因素是较高的温度、湿度以及较低的云覆盖率和降水；而南方地区 O_3 的降低则是伴随着气温、湿度的降低以及云覆盖率和降水的增加。

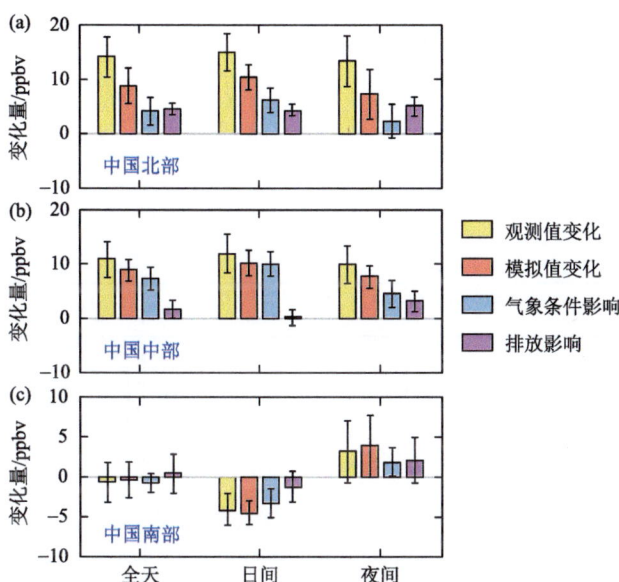

图 3.11　气象和排放变化对疫情期间主要地区 O_3 浓度变化的贡献（Liu Y et al.，2021b）

前体物的不协调减排还会导致大气氧化性增强（白天的 OH 自由基和夜间的 NO_3 自由基的增加），加速 O_3 生成，从而维持较高的 O_3 浓度。大气氧化性的增强还加速了气态前体物向二次颗粒物的转化，导致二次组分在细颗粒物中的质量占比明显增高（Huang et al.，2020a）。

总体来看，全国疫情管控期间，以交通运输为代表的人为活动强度大幅度下滑，导致氮氧化物和一次排放颗粒物浓度的显著降低。但由于大气化学的非线性特征，大气氧化性不降反升，导致 O_3 和二次颗粒物的浓度增加。

2022 年春季上海疫情期间，单个城市"大幅度减排"NO_x 并未使得 O_3 浓度下降。 2022 年 4～5 月，上海疫情封城管控为特大城市 O_3 污染变化研究提供了独特机会。与此前封控不同，2022 年 4 月和 5 月在上海的全市范围封控，发生在较温暖的时段。在封控期间，上海全市 19 个站点日 MDA8 O_3 浓度超过中国空气质量二级标准（160μg/m³）共 21 次，其中最高值可达 200μg/m³。全市平均 MDA8 O_3 浓度同比上升了 13%（图 3.12）（Tan Y et al.，2022）。

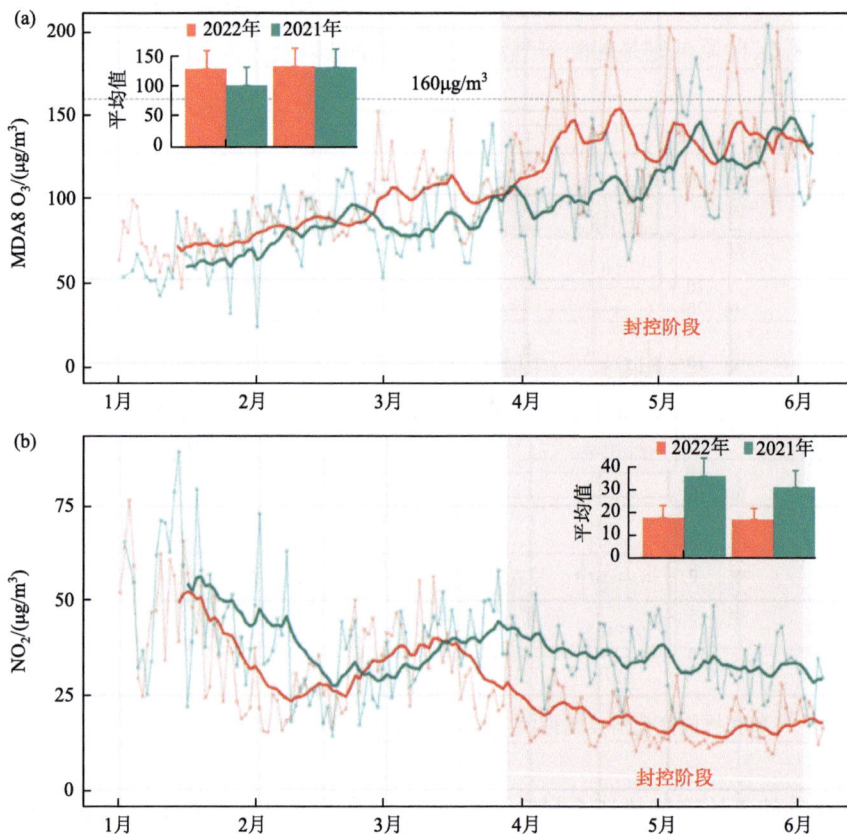

图 3.12　2022 年 1～5 月上海市 MDA8 O_3 和 NO_2 浓度变化（Tan Y et al.，2022）

与 2020 年全国封控类似，上海封控主要引起移动源 NO_x 和 VOCs 排放的下降。虽然目前尚未有准确的排放估算，但是卫星数据显示 O_3 前体物 NO_2 和 HCHO 的柱浓度较去年同期分别下降了 49% 和 19%。地面观测也发现 NO_2 浓度下降了近一半，而 VOCs 总量及主要物种也下降了 20%～50% 不等（Wang Q et al.，2023）。封控期间，气象条件与 2021 年差别不大，敏感性分析发现其对此次 O_3 污染的影响很小（Tan Y et al.，2022）。

NO_x 和 VOCs 的不同变化比率进一步驱动了 O_3 的浓度上升。尽管疫情期间，上海前体物排放量大幅度下降，但市区的 O_3 生成敏感性仍然处于 VOCs 控制区（图 3.13）。卫星数据发现，与往年同期相比，疫情封控期间 $HCHO/NO_2$ 比值从 1.1 增长到 1.68，观测得到的高浓度 O_3 说明 VOCs 排放的下降并不能抵消因 NO_x 下降造成的 O_3 生成效率增强带来的结果，地面 VOCs 和 NO_x 观测结果也支持这一发现（Wang Q et al., 2023）。

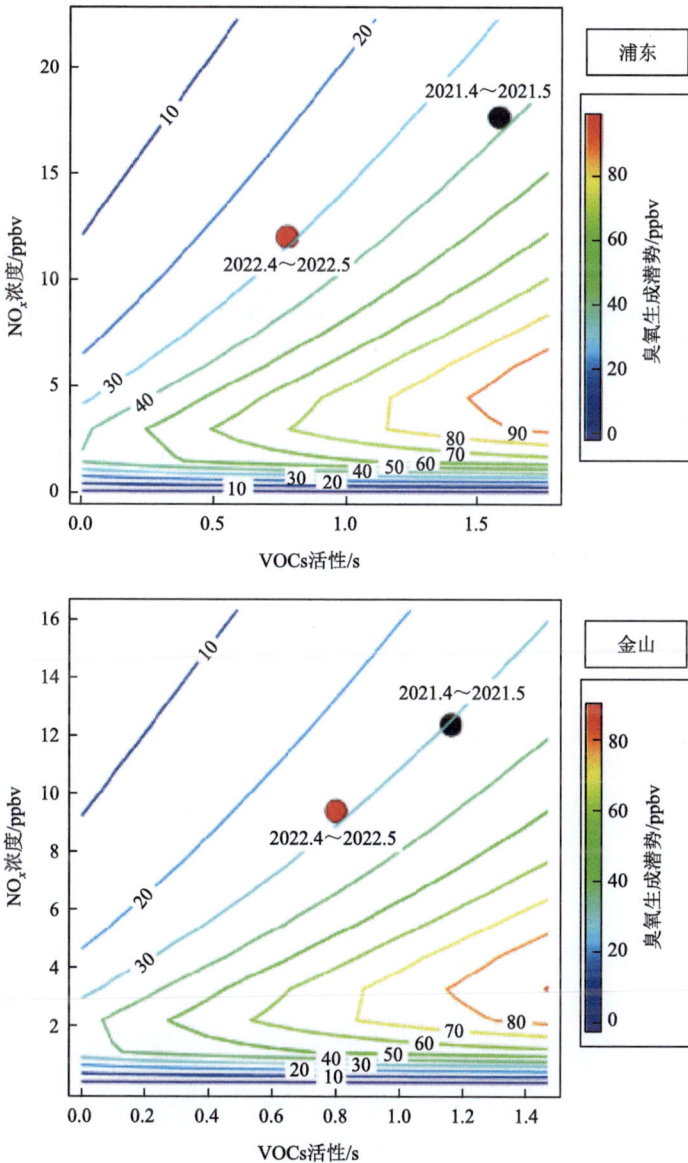

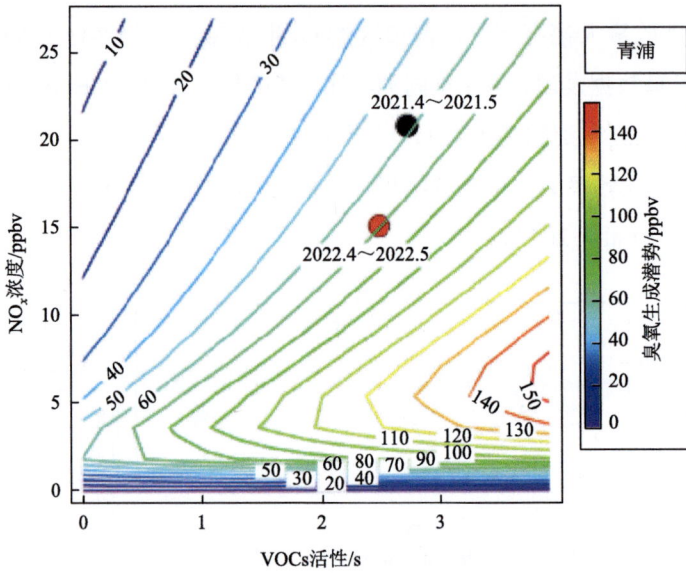

图 3.13　上海市三个站点基于观测的 O_3 生成潜势对 VOCs 反应活性和 NO_x 浓度的响应
（Wang Q et al.，2023）

第四章 技术与应用

O₃ 污染防治技术总体上可分为 O₃ 及前体物（NO$_x$、VOCs 等）监测、排放表征、预报预警、来源解析与治理监管 5 个方面，随着我国 O₃ 污染防治工作不断深入，相关技术得到了长足发展，在 O₃ 污染成因诊断、预警溯源和前体物排放控制方面得到了广泛应用。本章节将针对以上 5 个方面，梳理近几年我国 O₃ 污染防治技术进展，旨在为科学、精准、依法实施 O₃ 污染防治提供参考。

第一节 光化学污染监测技术

光化学污染监测是掌握 O₃ 及其前体物污染特征、识别污染成因与来源的重要手段。2020 年以来，我国光化学污染监测技术和装备得到进一步发展，监测网络与质控体系进一步完善，重点区域相继建成了天空地一体化 PM$_{2.5}$ 和 O₃ 污染协同观测体系，形成了"点—城—域—国"多层次的光化学污染监测网络，在大气污染防治中发挥着至关重要的作用。

1. 监测技术进展与应用

光化学污染监测对象主要包括 O₃、VOCs、含氮化合物等，相关技术装备日趋成熟，监测技术逐步向更高物种精细度和时空分辨率方向发展。科研层面也逐渐在大气自由基及中间体等低浓度、高活性物质监测方面取得了新的突破。表 4.1 所示为光化学污染监测的主要技术方法。

O₃ 监测主流采用紫外光度法和差分吸收光谱法，前者已业务化应用于常规空气质量监测，后者则广泛应用于大气超级站的雷达探测，为实时监测 O₃ 垂直分布，判断 O₃ 传输提供了重要的手段。截至目前，我国已建立了一定规模的 O₃ 雷达垂直探测网络，但是尚未建立规范化的标定系统。

VOCs 监测主流方法为色谱—质谱法，近几年高分辨质谱、光谱和传感器等技术应用日益普遍，使 VOCs 监测的物种精细度和时空分辨率得到大幅度提升。

表 4.1　光化学污染监测的主要技术方法及其检测能力

类别	监测方法	具体技术	监测对象	时间分辨率	检测能力（1σ）	应用情况
VOCs	色谱—质谱法	气相色谱—氢火焰离子化检测器法（GC-FID）	HJ 1010—2018 附录 A 中规定的 57 种挥发性有机物	30~60min	50~150ppt	超站①、组分站、园区站
		气相色谱—质谱法（GC-MS）	HJ 759—2015 附录 A 中规定的 67 种挥发性有机物	30~60min	50~150ppt	超站、组分站、园区站
		气相色谱—光离子化检测器法（GC-PID）	不饱和脂肪烃、芳香烃、部分卤代烃、含氧烃等	30~60min	100ppt	园区站
		质子转移反应质谱法（PTR-TOF/MS）	烯烃、芳香烃、醛类、酮类等挥发性有机物	1s	0.1~50ppt	科研
		化学离子质谱法（CIMS）	卤代烃、芳香烃、含氧烃等	1~5s	0.1~10ppt	科研
		光电离直接质谱法（SPIMS）	烷烃、芳香烃、酸类等	1~5s	0.1~0.5ppb	走航
	光谱法	抽取式傅里叶变换红外吸收光谱法（FTIT）	低碳烷烃、烯烃、部分芳香烃、卤代烃、含氧烃	1s	ppm 量级	科研、走航②
		傅里叶变换红外吸收光谱法（FTIR）	低碳烷烃、烯烃、部分芳香烃、卤代烃、含氧烃	1s	ppm 量级	科研
		差分吸收光谱法（DOAS）	主要为芳香烃、甲醛、乙二醛等	5min	0.01~0.2ppb	科研
		超光谱法	甲醛、乙二醛等	5~30min	ppb 量级	科研
		乙酰丙酮分光光度法、激光光腔衰荡光谱法、激光光声光谱法、激光红外光谱吸收法、紫外差分光谱法	甲醛	1min	0.05~0.5ppb	组分站、科研
	传感器法	金属氧化物传感器等	TVOC	—	ppb-ppm 量级	园区站
含氮化合物	色谱和质谱法	气相色谱—电子捕获检测器（GC-ECD）	PANs	5min	~50ppt	超站、组分站
		紫外可见—电荷耦合检测器光解光谱法（UF-CCD）	光解速率常数（NO_2、NO_3、HCHO、H_2O_2 等）	1min	—	超站、组分站
	光谱法	湿化学—长光路吸收光谱法、腔增强吸收光谱法	HONO	1min	0.01~0.1ppb	超站、组分站

续表

类别	监测方法	具体技术	监测对象	时间分辨率	检测能力（1σ）	应用情况
含氮化合物	光谱法	热光转化—化学荧光法	NO_x、NO_y	1min	0.05～1ppb	空气站、超站、组分站
		腔相位移吸收光谱法（CAPS）	NO_2	1min	～1ppb	组分站、科研
		多轴差分吸收光谱法	NO_2、HCHO、HONO、SO_2柱浓度等	5min	—	超站、科研
O_3	光谱法	紫外光度法、化学荧光法	O_3	1min	0.1～1ppb	空气站、超站、组分站
		差分吸收光谱法	O_3垂直分布	5min	—	超站、科研
自由基及中间体	色谱和质谱法	化学离子化质谱（CIMS）	OH自由基、HO_2自由基、N_2O_5、$ClNO_2$	1～5min	0.02～4ppt	科研
	光谱法	激光诱导荧光（LIF）	OH自由基、HO_2自由基、k_{OH}	1～5min	0.02～0.4ppt	科研
		腔衰荡光谱（CRDS）	NO_3自由基、N_2O_5	1min	～0.2ppt	科研
		腔增强强吸收光谱（CEAS）	NO_3自由基、N_2O_5	1min	～0.2ppt	科研

注：① "超站"全称为大气监测超级站；② "走航"全称为 VOCs 走航监测。

- 气相色谱—氢火焰离子化检测器法（GC-FID）和气相色谱—质谱法（GC-MS）是目前最主流的 VOCs 监测方法，时间分辨率为小时，物种检测能力为 ppb 级，均已纳入国家标准体系，并规模化应用于光化学组分站和工业园区站日常监测。气相色谱-光离子化检测器法（GC-PID）的检测精度虽然较低但成本不高，常用于工业园区 VOCs 高值预警。

- 以质子转移反应质谱仪（PTR-MS）为代表的快速质谱技术应用日益普遍，拓展了 VOCs 物种测量能力。该技术的时间分辨率可达秒级，对醛酮等高活性 OVOCs 物种的检测能力更强，但因其标定和运维难度大，目前主要应用于超级站科学观测（Mo et al.，2022；Wu et al.，2020），以及车载（Zhao Y et al.，2021）、机载（Holzinger et al.，2023）和源排放（Gao Y et al.，2022b；Wang S et al.，2022）等高时间分辨率的应用场景。

- 光谱测量技术的物种检测能力较标准方法略低，但其探测速度快、灵敏度高，还可实现垂直和水平尺度实时扫描，逐渐应用于大气超级站和工业园区天空地一体化监测（Bai et al.，2022）。

- 传感器方法的检测精度虽然较低但成本低廉，近几年逐渐在工业园区等重点区域网格化监测中得到应用（Gilio et al.，2021；Wu J et al.，2022），但该方法无法实现分物种测量且检测分辨率低等不足是限制其大规模应用的主要技术瓶颈，也是其未来研究发展的方向。

含氮化合物监测的对象主要包括 NO_2、总氮氧化物（NO_y）、过氧酰基硝酸酯类（PANs）和气态亚硝酸（HONO），监测结果可应用于光化学反应过程的科学表征。除 NO_2 外，NO_y、PANs 和 HONO 等含氮化合物尚缺乏成熟、可靠的监测质控技术规范，目前主要应用于大气超级站和科学观测实验。

大气自由基是决定大气氧化性及 $PM_{2.5}$ 和 O_3 生成的关键因子，其环境浓度低、活性强，测量难度大。近年来我国在 OH、HO_2、NO_3 等大气自由基及其反应活性测量技术方面取得了重要突破，实现了国产化技术和装备研发，成为全球少数具备大气自由基测量能力的国家之一。依托相关技术，已有研究揭示了我国大气自由基收支的关键影响因素（Song et al.，2023），初步建立了大气氧化能力的定量表征体系（Liu Y et al.，2021a；Yang et al.，2021）。当然，上述技术尚处于研发阶段，仅少量应用于科学观测研究。

卫星遥感技术是 O_3 及其前体物监测体系的重要组成部分。随着高分辨传感器技术的进步，卫星遥感技术在我国 O_3 及前体物监测方面的应用也日益广泛，大幅度提升了区域监测覆盖面。表 4.2 所示为目前全球在轨且具备 O_3 及前体物探测能力的主要卫星传感器。2018 年以来，我国国产大气环境探测卫星（如高分五号 02 星、大气一号卫星、高分五号 01A 星）相继发射，实现了 O_3 及 NO_2、HCHO 和乙二醛等前体物柱浓度的实时探测，空间分辨率可达到 13km×24km，时间频率达到 1 天（赵少华等，2022）。未来突破的主要方向为不断加强多源卫星数据的集成应用能力，提升监测时间和空间分辨率，实现更高精度的 O_3 及前体物污染特征捕捉及高值热点监管。

表 4.2　在轨具有 O_3 及前体物探测能力的主要卫星传感器

传感器	卫星平台	发射时间	时间分辨率（天）	空间分辨率（km×km）	观测参数
AIRS	Aqua	2002-08	1	14×14	O_3 廓线
OMI	Aura	2004-10	1	13×24	O_3 柱总量；NO_2 对流层柱总量；HCHO 柱总量；$C_2H_2O_2$ 柱总量
TES	Aura	2004-10	16	0.5×5	O_3 廓线
GOME II	Metop-B	2012-09	1.5		HCHO 柱总量
OMPS	Suomi-NPP	2011-10	1	50×50	O_3 柱总量
CrIS	Suomi-NPP	2011-10	1	14×14	O_3 廓线
TROPOMI	S5P	2017-10	1	7×3.5	O_3 柱总量；NO_2 对流层柱总量；HCHO 柱总量
EMI	高分五号（GF5）	2018-05	1	13×48	O_3 柱总量；NO_2 对流层柱总量；HCHO 柱总量
EMI-II	高分五号 02 星（GF5-02）	2021-09	1	13×24	O_3 柱总量；NO_2 对流层柱总量；HCHO 柱总量

2. 业务化监测网络建设进展

随着监测技术的发展，我国光化学污染业务化监测网络的覆盖面与监测能力得到了大幅度提升。我国于 2008 年起投入建设全国 74 个重点城市 O_3 污染监测体系，截至目前，已实现全国 338 个城市和 16 个国家大气背景站的全覆盖。为提高

VOCs 及其组分监测能力，2018 年我国正式启动建设光化学污染监测网，形成了以 VOCs 和非甲烷总烃（NMHC）自动监测为主、辅以 TO-15 和醛酮类物质等手工监测的光化学污染监测体系。截至 2022 年，实现 VOCs 自动监测覆盖的城市已达 157 个，NMHC 自动监测覆盖城市达 273 个。从各区域分布来看，京津冀及周边、长三角、珠三角等重点区域的 VOCs 组分站分别达到 71 个、45 个和 16 个，成渝、汾渭平原等其他重点区域 VOCs 组分站分布相对较少。从点位类型来看，城市站点是目前光化学污染监测网的主体，郊区站、区域站和背景站的数量相对有限。为更好地掌握重点区域 O$_3$ 及前体物污染特征，未来有必要在其他重点区域以及区域站、郊区站和背景点等方向进一步拓展光化学污染监测能力。

监测质控和审核体系逐步形成，数据质量至关重要。2018 年以来，生态环境部和中国环境监测总站相继发布了《环境空气挥发性有机物气相色谱连续监测系统技术要求及检测方法》《国家环境空气监测网环境空气挥发性有机物连续自动监测质量控制技术规定（试行）》《环境空气非甲烷总烃连续自动监测技术规定（试行）》《国家大气光化学监测网自动监测数据审核技术指南（2021 版）（试行）》等，初步形成了 VOCs 监测相关的技术要求和技术指南，数据上传率和有效率均得到了有效提升。以北京、上海、南京等城市为例，2022 年 VOCs 自动监测数据有效率分别达到 80%、78% 和 78%。值得注意的是，目前仍有不少城市监测数据的质量和上传率亟待进一步提升，由于 VOCs 成分多、变化快，随着 HCHO、PANs、活性 VOCs 成分和含氮化合物组分逐步纳入光化学污染监测网，构建严格的质量控制和质量保证技术以及监测数据审核技术至关重要，国家和重点区域需加快制定监测过程的质控规范、数据审核方法及流程，提升区域特色的质控能力和水平。

3. 科研级观测网络发展情况

在光化学污染业务化监测网络基础上，重点区域相继建成天空地一体化立体监测体系，成为支撑 PM$_{2.5}$ 和 O$_3$ 污染协同防控的重要手段。2020 年以来，京津冀及周边、长三角、珠三角、成渝等重点区域依托监测系统、高校和科研院所等技术力量，以光化学污染业务化监测网络为基础，集成大气复合污染地基超级站以及车载、机载、星载等立体探测技术手段，相继建成了天空地一体化立体观测网络。

观测指标方面，已初步实现 HCHO、OVOCs、PANs、NO_y、HONO 以及大气自由基等前体物—自由基—中间体—产物的综合观测（Liu et al.，2019，Ma X et al.，2022；Liu Y et al.，2021a；Zhai et al.，2023）。**观测手段方面**，通过集成地面监测站以及高塔/高山垂直梯度站、O_3 探空站、系留气球、车载/船载/机载走航以及卫星遥感等技术，形成了覆盖近地面至边界层顶的大气垂直探测能力（Li X et al.，2022；Liu C et al.，2022；Mo et al.，2020）。

图 4.1 所示为京津冀及周边区域天空地一体化大气复合污染立体综合观测网。天空地一体化观测大幅度提升了二次污染及其前体物的物种精细度和立体覆盖面，实现了由单个城市单点向多个城市、多功能区、多点位的拓展，已经成为区域 $PM_{2.5}$ 和 O_3 污染协同防控的重要技术手段，并在北京冬奥会、上海进博会、武汉军运会、成都大运会、杭州亚运会等重大活动空气质量保障以及各地大气污染防治攻坚等重大任务中发挥了重要作用。

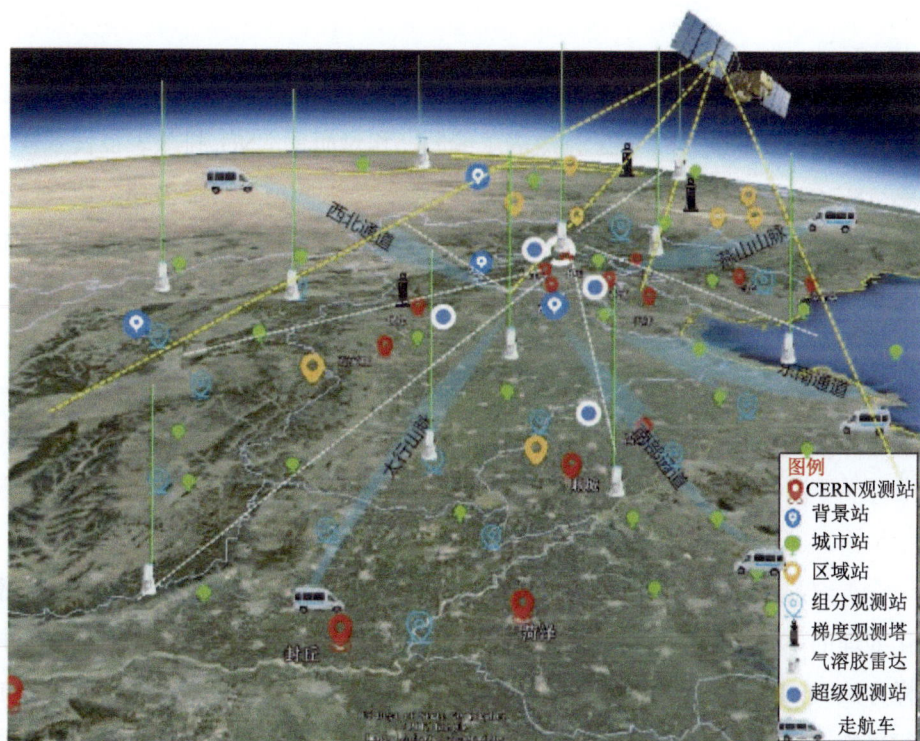

图 4.1　京津冀及周边天空地一体化大气复合污染立体综合观测网示意图

综上，近年来我国在光化学污染监测技术和网络建设方面进展迅速，监测技术的物种覆盖面、检测精准性和时空分辨率均得到了大幅度提升，光化学污染业务化监测网络基本建成，重点区域建设发展了天空地一体化立体观测网络，已成为区域 $PM_{2.5}$ 和 O_3 污染协同防控的重要支撑手段。监测技术研发的最终目标是服务于监测业务和管理支撑应用。在监测技术方面，未来应继续加强前体物、自由基、中间体、产物等全组分物质的高分辨率测量能力，以及点、线、面等立体高覆盖面的探测能力，并不断实现业务化应用。在监测网络方面，应继续加强全国不同区域光化学组分网覆盖面，持续完善质控和审核技术要求，并逐步将科研级天空地一体化观测网络纳入国家业务化监测平台。在数据应用方面，现有观测体系尚未实现综合探测向全域感知的突破，应加强多源数据融合技术研发，构建高时空分辨智能感知技术体系，进一步提升 $PM_{2.5}$ 和 O_3 污染协同防控的科学决策能力。

第二节　前体物排放表征技术

前体物排放表征涉及的对象主要包括 NO_x 和 VOCs 物种，主要内容包括 VOCs 排放源谱特征及 NO_x 和 VOCs 排放清单编制。相对而言，NO_x 排放表征技术较为成熟；VOCs 排放由于其源类复杂、物种繁多、监测数据偏少，仍存在较大的不确定性。因此，如何提升 VOCs 排放源谱的代表性、降低 VOCs 排放清单的不确定性一直是该领域技术突破的重点。

1. VOCs 排放源谱测量与谱库构建进展

VOCs 排放源谱是 VOCs 来源解析与 O_3 精细化治理的重要基础，近年来各地广泛开展了 VOCs 排放源谱实测，相继构建了本地化的 VOCs 源谱数据库，源类和物种精细度不断提升，在 O_3 污染防治工作中发挥了日益重要的作用。

在源谱测量方面，目前我国最常用的 VOCs 采样方法是采用内壁和阀体经惰性化处理的不锈钢真空采样罐或气体采样袋，依据固定污染源废气挥发性有机物采样方法（HJ 732—2014）或美国环保署 TO-15 等推荐方法，对烟气 VOCs 排放进行采集；采用气相色谱或质谱，对样品中的组分进行定量分析，可分析物种通常包括烷烃、烯烃、炔烃、芳香烃和部分 OVOCs 等 100 余种。

在谱库构建方面，随着 VOCs 排放源谱本地化实测数据的不断积累，京津冀及周边区域、长三角、珠三角、成渝等重点区域和不少城市，相继依托科研院所、监测系统等，建立了本地化的 VOCs 排放源谱数据库。源类主要涵盖工业源、移动源、溶剂使用、生物质燃烧、餐饮等典型 VOCs 排放源，近几年主要聚焦工业源详细工段和新标准移动源等开展了大量增补实测工作（Huang H et al.，2022；Sha et al.，2022；Wang et al.，2022；Xu et al.，2020）。其间，暨南大学、北京大学、中国环境科学研究院等研究机构分别向学术界发布共享了各自的 VOCs 源谱库。

考虑到传统的排放源谱测量方法在 OVOCs 等高活性物种识别方面存在不足，一些研究开始采用 PTR-MS 质谱仪或便携式车载 HCHO 测量仪等技术对活性物种进行实测，并开展实现在线测量，有效提升了 VOCs 源谱的物种精细度（Wang W et al.，2022；Zhu et al.，2023；Zhu et al.，2020）。以暨南大学构建的 VOCs 源谱库为例，传统方法缺失的 OVOCs 物种在 VOCs 成分谱中占比平均可达 40%（图 4.2）（Sha et al.，2021）。

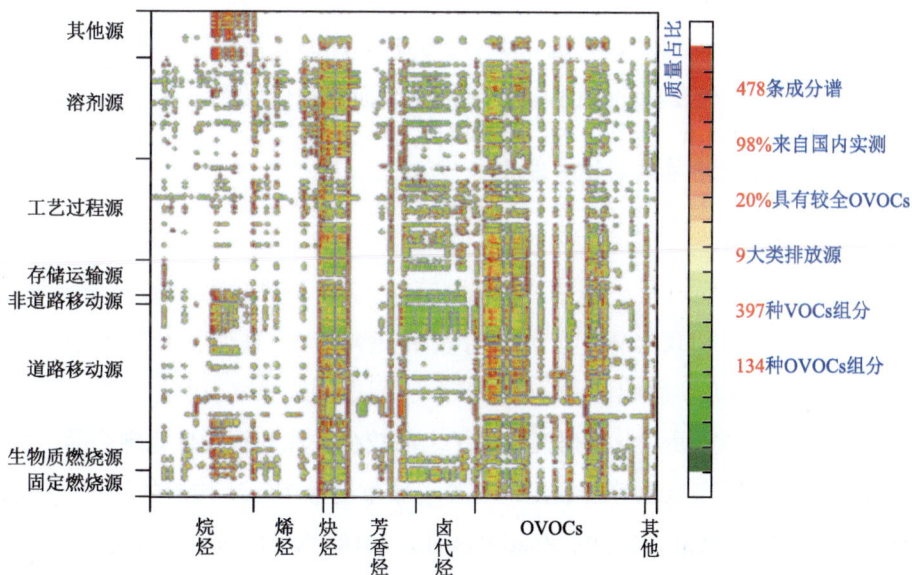

图 4.2　VOCs 源谱数据库示例（Sha et al.，2021）

应当指出的是，上述排放源谱测量和谱库构建工作尚处于科研层面。在排放源谱测量方面，不同排放源的烟气温度、湿度、气粒分配特征均存在比较大的差异，亟须建立规范化的采样分析方法和质控体系。在谱库构建方面，源分类、物种构成、质控方法均未统一，有必要尽快规范 VOCs 源谱构建的原则、内容、数据质控要求等，建立国家层面的 VOCs 排放源谱库并动态更新。

随着对 O_3、PM2.5 和大气自由基前体物来源认识的不断深入，一些研究开始将排放源谱测量工作由 VOCs 向中等和半挥发性有机物（I/SVOCs）以及活性氮/氯等全组分方向拓展。2018 年以来，我国专家学者探索性地开展了船舶、民用炉灶、非道路机械、餐饮等排放源的 I/SVOCs 排放实测，建立了全挥发性有机物源谱（Huang et al.，2018；Qi et al.，2019；Huang G et al.，2022；Shen et al.，2023；Song et al.，2022；Tang et al.，2023）。近几年，一些研究利用全二维气相色谱质谱等技术，进一步发现在餐饮、柴油车、生物质燃烧等排放源 I/SVOCs 组分中含有大量含氧有机分子，可能具有重要的 O_3 生成潜势（Chang et al.，2022；Shen et al.，2023；Song et al.，2022；Tang et al.，2023）。此外，一些研究开展了机动车、生物质燃烧、工业、土壤和生活源的活性氮（包括 NO、NO_2、HONO 等）排放实测（Liao et al.，2021；Ding et al.，2023），以及钢铁冶炼等排放源的 HCl 和 HClO 排放实测（Ding et al.，2020），进一步丰富了 $PM_{2.5}$ 和 O_3 活性前体物来源的认识，但这些工作总体还处在科研层面，其规范性、全面性和代表性还有待进一步深化。

2. 前体物排放清单编制技术进展

我国现有的前体物（NO_x 和 VOCs 等）排放清单编制技术发展得较为成熟，2013 年起建立了较为完善的排放清单编制技术体系（贺克斌等，2015；薛志钢等，2019）。相比 NO_x，VOCs 排放环节复杂、行业门类众多，且存在大量无组织排放，如何提升源类精细度、降低估算的不确定性一直是相关技术发展的重点。

在源类精细度方面，一些研究增加了之前较少关注的挥发性化学产品、汽油车蒸发、餐饮、城市绿地等排放源，完善了城市地区 VOCs 排放的认识（Chang et al.，2022；Man et al.，2020；Zhao Y et al.，2018；Ma M et al.，2022）。另有研究建立了基于工艺工序的 VOCs 排放定量方法，将重点行业 VOCs 排放清单的精细度提升至工段级别，如李廷昆等（2021）采用自下而上方法建立了某精细化工园区 VOCs 排放清单，识别出涂装、印刷及印后整理、胶合/涂饰/干燥等具体环节对园区 VOCs 排放贡献，有效提升了 VOCs 排放估算的精细度。

在物种分辨率方面，随着本地化 VOCs 排放源谱的发展，VOCs 组分排放清单的精细度也得到了较大幅度的提升。如表 4.3 所示，2018 年及以前，各尺度、各源类 VOCs 排放清单涉及的物种数量在 40～188 种，主要包括传统的烷烃、烯烃、芳香烃及部分 OVOCs 组分。2019 年以来，区域尺度和城市尺度 VOCs 排放清单涵盖的物种数量逐渐增加至 400～500 甚至更多，除传统的烷烃、烯烃和芳香烃等组分外，补充了易被遗漏的 OVOCs 组分。由于不同 VOCs 物种的大气反应活性存在差异，物种分辨率的提升可以更加全面地反映各源类对 O_3 污染的潜在影响。以长三角地区为例，工业过程源、工业溶剂源、移动源和生活源对区域 VOCs 排放总量的贡献分别为 34.3%、27.1%、19.5%和 9.7%，从活性角度看，对 O_3 生成潜势（即 OFP）的贡献则分别为 38.3%、21.5%、16.4%和 13.2%（田俊杰等，2023），可见，细化 VOCs 物种排放清单、加强 VOCs 排放源的活性贡献评价，可有助于更精准地聚焦 O_3 污染的重点管控对象。

表 4.3 已有的 VOCs 组分排放清单研究范围及物种数量

尺度范围	指标	2018 年及以前	2019 年及以后
全国尺度	源类	人为源/工业源/机动车	人为源/工业源
	空间分辨率	12～40km	12～36km
	物种数量	40～188	142
区域尺度	源类	人为源	人为源
	空间分辨率	3～4km	3～4km
	物种数量	40～130	424
城市尺度	源类	工业源/机动车	人为源/工业源/餐饮源
	空间分辨率	1km	1～3km
	物种数量	67～105	99～519

为提升前体物排放清单的空间代表性，不少研究利用卫星遥感和地基观测资料，建立了 NO_x 排放清单的反演校验技术方法，广泛应用于 NO_x 排放清单的优化以及减排效果的动态评估（Bae et al., 2020；Chen et al., 2023；Souri et al., 2020）。相对而言，VOCs 排放清单的反演校验技术目前仍处于研究阶段，已有研究基于质量平衡原理，利用 VOCs 组分地基观测结果，开发了 VOCs 组分排放的反演方法，实现了基于"自上而下"方法的城市尺度主要 VOCs 组分排放定量，发现传

统 VOCs 排放清单在月变化方面的不足（Wang et al.，2020）。但是，VOCs 物种复杂且观测资料相对匮乏，相关技术仍在探索阶段，有必要结合日益完善的光化学污染监测网开展更加深入的研发和应用。

为提升前体物排放清单的时效性，越来越多的研究利用电力、工业、交通等多源大数据，建立了近实时排放清单动态更新技术方法，实现了重点源类日尺度甚至小时尺度排放的快速评估。工业源方面，基于重点源在线监测和工业用电量，实现了小时～日尺度排放的快速更新；机动车方面，已有研究利用浮动车 GPS 数据、交通拥堵系数、地面线圈、卡口视频和射频识别等交通流大数据，实现了小时尺度路网机动车排放的实时计算，这些技术已在北京、上海、广州、南京、成都等城市得到应用（Cheng et al.，2023；Wu X et al.，2022；Wen et al.，2022）；船舶方面，相关研究利用自动识别系统（AIS），实现了船舶排放清单的实时动态计算（Huang L et al.，2020；Zhou C et al.，2022）。此外，还有研究利用卫星火点实时监测，实现了露天秸秆燃烧排放的动态监控（Xu et al.，2022；Liu et al.，2022）。如图 4.3 所示，通过集成重点源在线、工业用电量、实时交通流、船舶 AIS 等多源大数据（Huang et al.，2021），对上海市各源类 NO_x 和 VOCs 排放动态跟踪发现，2022 年 4～5 月疫情封控期间全市 NO_x 和 VOCs 较 2021 年同比分别下降 53% 和 36%，为精细地评估各行业的前体物减排及其环境影响提供了有效的技术手段。目前，这些技术方法已在上海进博会、北京冬奥会、成都大运会、杭州亚运会等重大活动空气质量保障及污染天气应对工作中得到广泛应用，为城市和区域环境空气质量管理提供了重要的科技支撑。

综上，近年来各地在 O_3 前体物排放清单及 VOCs 源谱等基础工作方面取得了长足的进展，在 O_3 污染防治工作中发挥了重要的作用。尽管如此，不断细化 VOCs 源谱和排放清单的物种分辨率、提升前体物排放清单的源类和时空分辨率，仍是未来该领域技术着重发展的方向。现有的源谱和清单工作总体处于科研阶段，各地开展的工作在物种构成、数据归类和质控方法方面仍存在相当大的差异。建议一方面抓紧出台国家层面的 VOCs 源谱构建的统一方法，建立国家层面源谱库动态更新机制；另一方面，建立 VOCs 组分排放清单的统一编制方法，规范源分类、物种分类以及校验评估方法，实现城市和区域活性组分排放清单的动态更新。

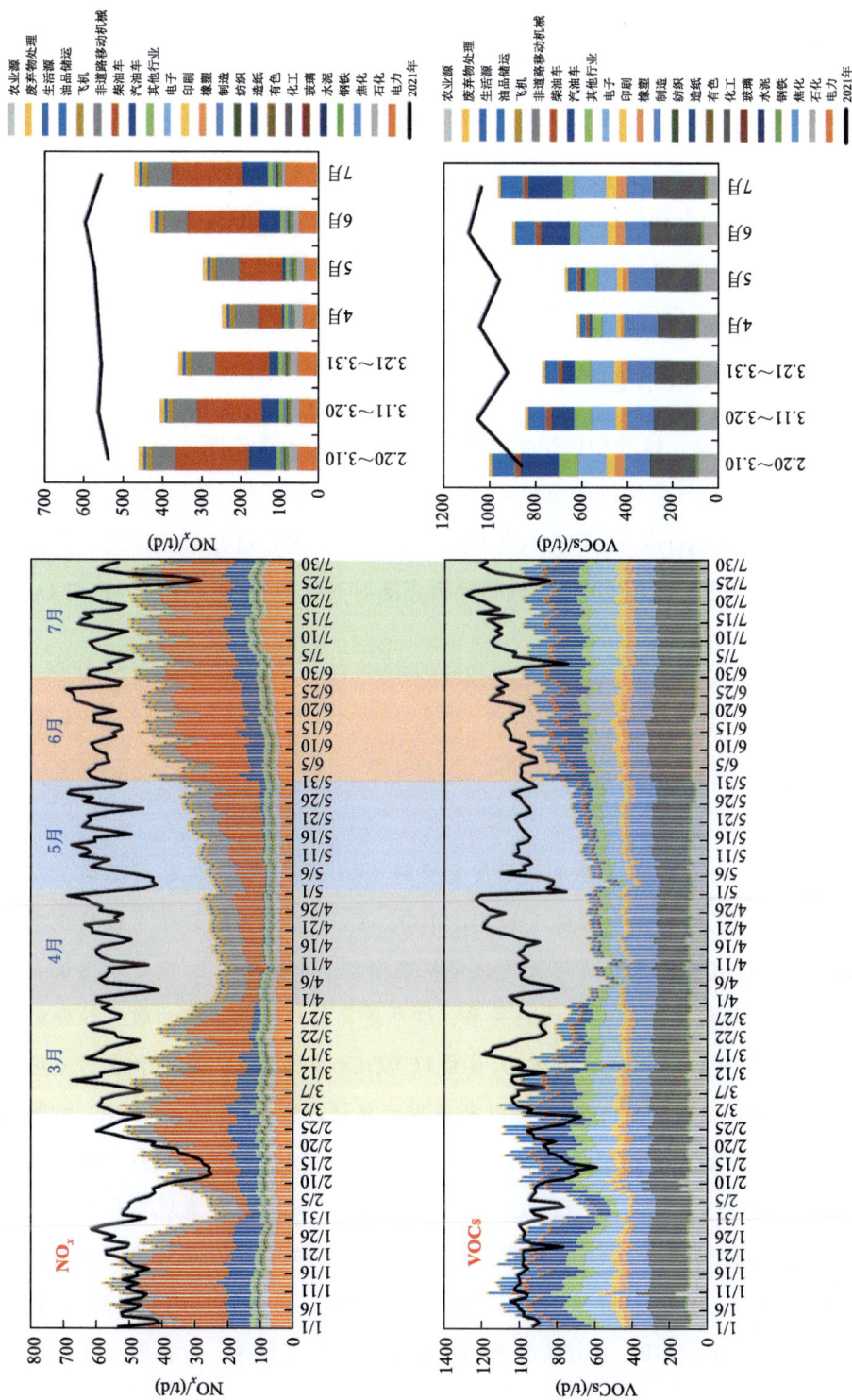

图 4.3 2022 年疫情封控期间上海市各源类 NO_x 和 VOCs 近实时排放变化情况（上海市环境科学研究院提供）

第三节　臭氧及前体物来源解析技术

O_3 及前体物来源解析技术是判断 O_3 污染成因和来源的重要手段。随着监测技术和模型工具的不断进步，O_3 及前体物来源解析技术也得到了长足发展，形成了包括 O_3 成因诊断、O_3 来源解析以及 VOCs 污染溯源三个方面的技术集合，成为 O_3 污染防治必不可少的技术手段。

1. O_3 成因诊断技术进展

O_3 污染与气象、排放和化学生成等因素密切相关。为诊断各项因素对 O_3 污染形成的影响，在气象和排放贡献方面，通常采用基于三维空气质量模型的过程分析（process analysis）技术对 O_3 生成的物理和化学过程进行量化评估；在化学生成贡献方面，主要采用 O_3 生消机制分析方法对 NO_x 和 VOCs 等前体物对 O_3 生成速率的影响进行评估。

O_3 生成敏感性是指 NO_x 和 VOCs 前体物在不同的浓度区间与 O_3 生成的响应关系，其通常分为 VOCs 敏感区、NO_x 敏感区和过渡区，可采用基于观测和基于模型的两类技术方法进行评估。

● **基于观测的技术方法**主要是利用气象资料（如气温、气压、相对湿度、光解速率等）和光化学组分浓度（如 O_3、NO_x、CO、VOCs 组分等）在线观测数据，采用 RACM2、MCM 等大气化学机理模型（即箱模型），模拟获得该点位的 O_3 生成与前体物浓度的响应关系，这也是目前应用最普遍的敏感性分析方法。研究发现，我国城市地区 O_3 生成以 VOCs 控制为主，城郊和农村地区以协同或 NO_x 控制为主，2013 年以来我国大部分区域 O_3 控制区向 NO_x 控制为主的方向发展（Cao et al., 2022; Li et al., 2021b; Tong et al., 2023; Yuan et al., 2021; Zhang J et al., 2022a; Chu et al., 2024）。此外，垂直观测分析发现，城市近地面 O_3 处于 VOCs 控制区，而边界层上部则处于 NO_x 控制区（Tang et al., 2017; Hong et al., 2022）。应当指出的是，传统箱模式采用的 O_3 最大增量反应活性（MIR）参数主要来自美国前期的研究结果，与我国大气复合污染特征下的参数可能存在较大区别,相关研究利用箱模式获得的我国本地 MIR 值显著低于美国研究结果(Zhang J et al., 2022b)。因此,建立我国本地化的模型参数是该技术需要重点突破的方向。

- **基于模型的技术方法**主要基于三维空气质量模型,通过调整 NO_x 和 VOCs 等前体物排放量,建立 NO_x 和 VOCs 排放与 O_3 浓度的响应关系。该方法相比箱模式的优势是可实现不同区域 O_3 生成敏感性的整体评估,也已成为各地开展 O_3 污染防治路径分析的重要手段。当然,准确的前体物排放清单及模型可靠性验证是该方法应用的前提。
- 为在一定程度上弥补观测和模型方法在空间代表性和模拟准确性方面的不足,一些研究发展了**基于卫星遥感的敏感性分析方法**。该方法主要通过卫星监测的 $HCHO/NO_2$,并与地基观测进行比对,获得 O_3 敏感性的时空变化特征,研究表明该方法与数值模拟结果具有较好的一致性。该方法的不足主要在于大部分卫星受过境时间限制仅监测固定时段,且易受云层等气象因素干扰,数据连续性和代表性不足。

基于模型的过程分析技术可以定量评估气象、大气化学反应、传输过程和沉降等物理化学过程对 O_3 污染的影响,是主要的污染过程分析方法之一。已有研究利用 WRF-CMAQ 模型中的过程分析技术,量化分析了 2020 年夏季发生在长三角地区的一次区域性 O_3 污染过程中水平传输、垂直传输、气相化学等对 O_3 污染的影响。研究发现,垂直混合增加了清晨的 O_3 浓度,光化学反应促进了日间边界层内 O_3 的形成和积累;夜间,水平传输的向外扩散和夜间化学反应共同导致了 O_3 的消耗(Li L et al., 2022)。该研究也对在此期间南京市 O_3 污染期间城市间的传输贡献进行了分析,模拟结果显示南京市 O_3 浓度主要来自远距离传输(达到46%),其次是本地污染源(38%)和周边城市的传输贡献(16%)。图 4.4 所示为长三角地区南京市主要物理化学过程对 O_3 生成贡献的模拟案例。

O_3 污染成因复杂、影响因素众多,其物理化学过程可能随点位、区域、季节甚至年际发生变化,单一技术往往无法准确表征 O_3 污染的生成特征。在实际应用中建议多技术方法结合,对不同尺度的 O_3 污染过程进行全面分析,综合判断 O_3 生成的主因。

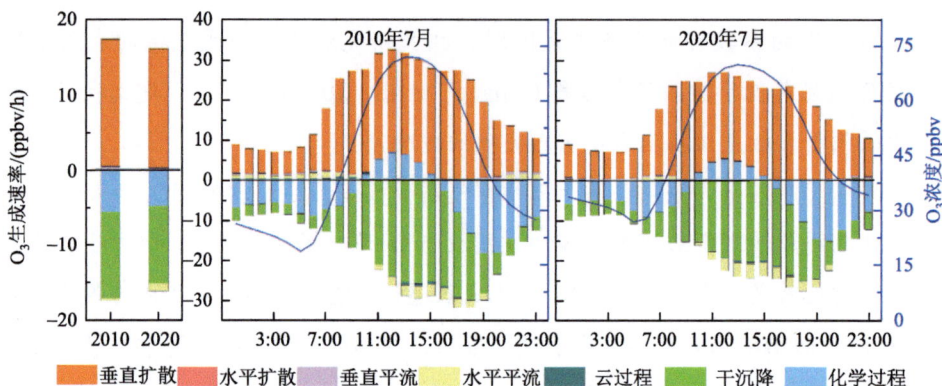

图 4.4　2010 年 7 月和 2020 年 7 月长三角区域主要物理化学过程对 O_3 生成的贡献比较

2. O_3 来源解析技术进展

数值模拟是 O_3 来源解析的主流方法，利用三维空气质量模型追踪可以量化不同区域和来源的 NO_x 和 VOCs 前体物排放对受体点 O_3 的浓度贡献。 由于 O_3 浓度与 NO_x 和 VOCs 排放存在显著的非线性关系，传统基于模型的开关法（brut-force method）难以适用于 O_3 来源解析，CMAQ、CAMx、NAQPMS 等模型相继开发了 ISAM（integrated source apportionment method）、OSAT（ozone source apportionment technology）、OSAM（ozone source apportionment method）等来源示踪技术，可实现不同区域和来源的 NO_x 和 VOCs 排放对特定网格 O_3 小时浓度贡献的动态解析。

除上述技术外，已有研究进一步基于模型开发了高阶解耦直接法（high-order decoupled direct method，HDDM），用以定量解析前体物排放、气象参数、边界条件、化学反应速率等模型参数对 O_3 浓度的非线性影响。近几年，有研究进一步在 HDDM 基础上研发了可整合多参考点非线性响应关系的高阶积分方法（high-order integral method，HIM），该方法利用 O_3 三维等值线图自身的二阶偏微分连续性，实现了从任意起点可复原全域 O_3 等值线图，极大地节省了计算成本（Shen et al.，2023）。

O_3 来源解析技术不断向多维度、动态化和平台化方向发展。例如，已有研究结合天空地一体化立体观测技术，实现了 O_3 垂直传输贡献的量化解析，拓展了区域 O_3 来源的认识。大气攻关二期项目对 2018～2020 年 5～9 月北京、上海和太原等城市的 O_3 来源模拟发现，受边界层上下交互作用的影响，垂直传输对近地面

O_3 的贡献约在 20%~30%，污染时段可增至 30% 以上，但是边界层内的光化学反应仍是边界层上层 O_3 垂直传输的根本来源。

3. VOCs 污染溯源技术进展

基于观测的受体模型方法是目前环境 **VOCs** 污染溯源的主要技术，该技术利用受体模型方法（如 **PMF、CMB、PCA/MLR、Unmix、ME-2** 等），结合 **VOCs** 源谱信息，对受体观测点位的 **VOCs** 来源进行定量解析。目前，该项技术已在我国各重点区域和城市得到广泛应用（图 4.5）。

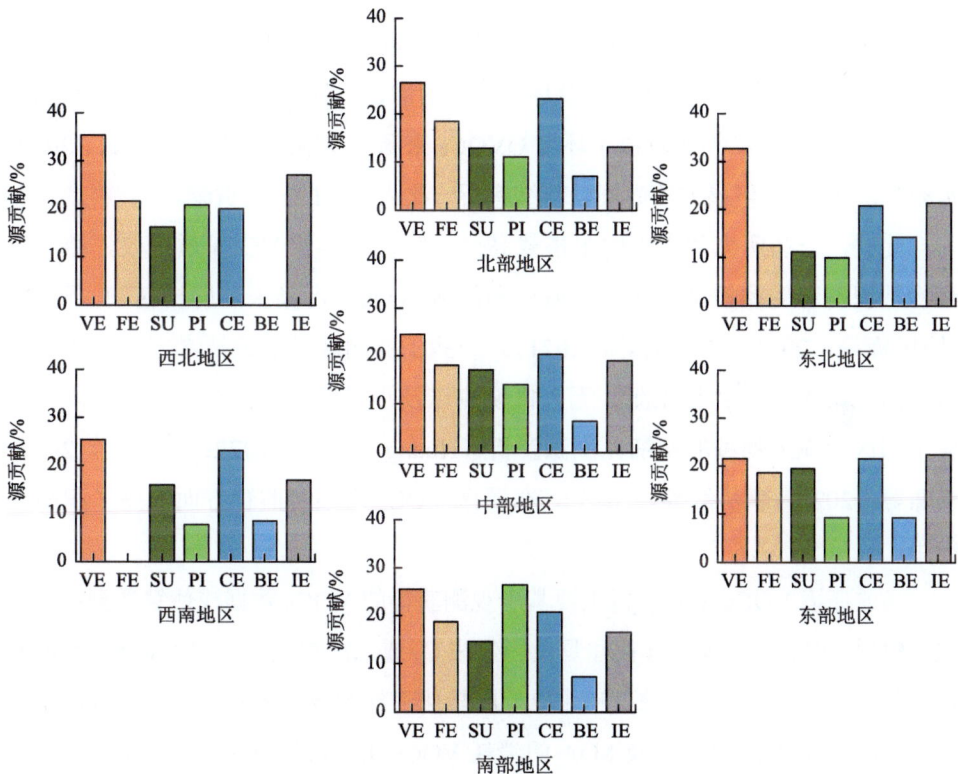

图 4.5　我国不同区域环境空气中 VOCs 来源解析结果（Yang et al.，2022）。西北地区：新疆、青海、甘肃、宁夏、陕西；北部地区：内蒙古、山西、北京、天津、河北；东北地区：黑龙江、吉林、辽宁；西南地区：西藏、四川、重庆、云南、贵州；中部地区：河南、湖北、湖南；东部地区：山东、安徽、江苏、上海、江西、浙江、福建；南部地区：广西、广东、海南

注：VE：机动车排放，FE：燃料蒸发，SU：溶剂使用，PI：石油化工，CE：燃烧排放，BE：生物源排放，IE：工业排放。

但是，由于 VOCs 活性物种从源排放到受体观测点位的传输过程中会发生化学转化，因此，基于受体观测数据的传统模型方法难以准确解析 VOCs 排放源的实际贡献。有研究发现光化学损耗显著降低了 PMF 模型解析因子谱中高活性 VOCs 物种含量（Liu et al.，2023）。一些研究利用基于光化学年龄的参数方法校正环境 VOCs 光化学损耗，即利用 VOCs 观测数据中化学活性差异较大且同源性较高的两个 VOCs 物种的初始比值与观测比值的差异来估算气团的光化学年龄，进而计算 VOCs 物种的初始浓度或初始混合比，结果表明校正后的 VOCs 源解析结果更符合初始排放来源构成（朱玉凡，2022；Wang W et al.，2022）。

近年来，有研究利用基于光化学年龄的参数方法或优化方法开展了环境 OVOCs 来源解析研究，通过多元线性回归方法量化得到环境 OVOCs 的一次人为源、二次源、生物一次排放源以及环境背景的潜在贡献（Huang X et al.，2020b；Zhu B et al.，2021），初步解决了环境 OVOCs 来源难识别的难题（Wu et al.，2020；张鑫等，2022），但该方法尚难以精细解析一次人为源的排放贡献。

此外，一些研究利用走航车搭载高分辨率在线测量 VOCs 质谱仪，结合示踪物种识别和受体模型方法，为城市和区域 VOCs 污染来源解析精细"画像"（周民锋等，2021；王红丽等，2021）。一些工业园区以上述技术方法为基础，结合固定站 VOCs 物种监测、无人机航测以及小尺度扩散模型等技术手段，实现了园区 VOCs 物种的精细化溯源解析（Huang Y et al.，2022；王东方，2022；韦啸等，2022；李丛舒等，2023），在园区 VOCs 污染源监管方面发挥了积极的作用。

当前环境 VOCs 来源解析主要基于观测获得的 VOCs 数据或估算得到的初始浓度数据；但观测的 VOCs 往往是反应生成 O_3 或二次有机气溶胶（SOA）后的剩余部分，而校正后的初始浓度也难以反映转化消耗 VOCs 的真实影响。为此，有研究构建了环境中生成 O_3 及 SOA 的消耗 VOCs 来源解析方法并进行了应用研究（Gu et al.，2023；Wang Z et al.，2022）。尽管大部分地区对于 O_3 污染的成因和来源有了初步的认识，但 O_3 污染涉及复杂的气象、排放、化学和沉降等理化过程，单一的成因诊断或来源解析技术方法往往无法完全解释各类因素对 O_3 污染的影响。因此，要将上述技术手段进行结合，综合诊断 O_3 污染的来源贡献、关键物种及其主控方向。另外，应进一步提高成因诊断和来源解析的时效性，可以通过集成实时气象资料、动态排放清单、立体观测数据及来源贡献解析等技术方法，建立 O_3 污染动态来源解析与防治决策技术平台，科学指导 O_3 污染防控决策。

第四节　臭氧预报预警技术

O_3 预测预报是空气质量预测预报体系中的重要组成部分。由于 O_3 污染成因和来源复杂，O_3 预测预报技术的精准化和智能化一直是相关研究关注的重点，近年来，我国在 O_3 预测模型优化方面取得了一定的进展，有效提升了 O_3 预报的准确率，建立了"国家—区域—省市—城市"四级预报工作机制，逐渐成为 O_3 污染防治决策的重要依托。

1. 数值预报技术进展

空气质量模型是 O_3 预测预报的重要手段，经过多年发展，重点区域和城市已基本形成以国内外主流空气质量模型（如 CMAQ、CAMx、WRF-Chem、GEOS-Chem、NAQPMS、CUACE 等）为基础的预测预报技术能力，然而提升数值模式预报的准确性依然是关键。 2010~2020 年，我国主持开展了亚洲空气质量数值模式第三期国际比较计划（MICS-Asia III），包括美国、日本和韩国在内的 10 余家单位参与，评估了 14 个国内外广泛应用的空气质量预报模型/版本对东亚 O_3 的模拟性能，发现当前主流模式在光化学机制、颗粒物表面的非均相化学以及垂直混合等方面还存在不足（Akimoto et al.，2020；Li J et al.，2019）。为提升 O_3 预测预报技术，近年来我国聚焦光化学关键机制、数据同化反演等难点开展了大量工作（图 4.6）。

在光化学污染机制方面， 研究发现，在我国大气复合污染特征下，边界层垂直混合、活性含氮物种（N_2O_5、$ClNO_2$ 及 HONO 等）和卤素成分在颗粒物表面的非均相化学过程及颗粒物对光解速率的影响等对 O_3 模拟的准确性有重要影响。如，$ClNO_2$ 非均相生成机制对粤港澳大湾区夏季 O_3 污染期间的贡献最高可达 10ppb 以上（Fan et al.，2023）。通过改进上述机制，有效提升了 O_3 污染过程期间峰值浓度的模拟效果（Li X et al.，2018；Zhang et al.，2019；Wang et al.，2020；Yu et al.，2020；Peng et al，2021）。

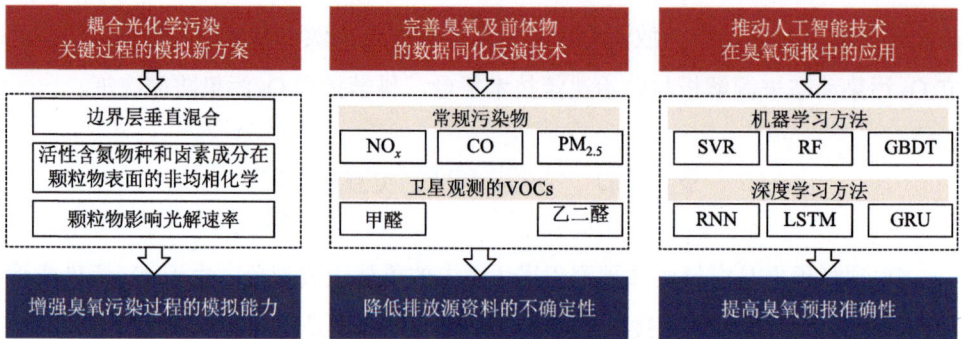

图 4.6　新发展的 O_3 预测预报技术

在数据同化反演方面，针对 NO_x、CO 和一次 $PM_{2.5}$ 等常规污染物排放的同化反演技术日趋成熟，HCHO、乙二醛（$C_2H_2O_2$）等卫星可观测的 VOCs 物种逐渐应用于数值预报模型同化，降低了排放源清单的不确定性。在此基础上，我国积极探索更多 VOCs 组分的同化反演方法，粤港澳大湾区基于集合卡尔曼滤波方法开展的 VOCs 多物种协同同化试验表明，协同同化可使该区域 9～11 月 O_3 模拟准确率平均提升～25%以上（张佩文，2021）。

与此同时，**人工智能技术**因具备高效学习非线性关系的优势，在 O_3 预测预报方面开始得到越来越多的应用。一方面，一些传统的机器学习方法（如 SVR、RF、GBDT、XGBoost、LightGBM 等）在 O_3 预测方面已逐渐得到应用。研究发现，通过上述方法可修正单一数值模式对 O_3 浓度预报误差较大、不能准确把握污染过程的问题，耦合多种机器学习算法的多模式集合预报订正算法相比单一数值模式可将 O_3 小时浓度预报值与观测值的相关系数提高约 23%～84%（肖宇，2022）。另一方面，为进一步提升自学习能力，近年来 RNN、LSTM、GRU 等深度学习模型得到了发展和应用。相比于传统机器学习方法，深度学习模型在提取时空数据高维非线性特征方面具有更大的优势，可使空气质量预测准确度提高 2.4%～12.2%（Yi et al.，2018）。上述技术方法在重点区域 O_3 预测预报工作中得到日益广泛的应用。长三角区域通过耦合污染案例库、多模式实时同化、机器学习等技术手段，将区域 3～9 月 O_3 的 48 小时预报准确率由 2018 年的 56%提升至 2021 年的 73%（"长三角 $PM_{2.5}$ 和 O_3 协同防控策略与技术集成示范"项目成果）。2023 年中国—中亚峰会期间，利用该技术对陕西关中地区各城市 O_3 浓度 24 小时预报的相关系数均在 0.87 以上，标准偏差平均在 −0.09～0.02。相对而言，O_3 预报准确率相比 $PM_{2.5}$ 等污染物仍相对偏低，尤其是未来 4 天以上的预报准确率仍是后续研究的重点。

2. 预测预报系统进展

预测预报系统是支撑空气质量业务化预报不可或缺的技术手段，相比单一数值预报模型，预报系统可通过多模式集合，进一步提升跨区域预报的准确率和局地预报的精细度。

在跨区域预报方面，欧洲中期天气预报中心（ECMWF）和美国国家航空航天局（NASA）自 2015 年起研究突破了全球—区域一体化数值预报技术，实现了全球 30～40 公里分辨率的业务化预报。近年来，我国利用国际主流全球空气质量数值模型（GEOS-chem）以及自主研发的 GNAQPMS 空气质量模型，研发了全球—区域跨尺度 O_3 模拟预报技术，对我国大部分站点，夏季的模拟误差处于 −20%～20%，特别是中西部地区，模拟效果有明显提升（Lu et al.，2020；Ye et al.，2019）。

在局地模拟预报方面，英国和德国率先研发了城市—街区尺度空气质量数值模拟技术，实现了单一城市百米分辨率模拟。2019 年起，我国香港、北京、深圳等城市也相继发展了区域—城市—街道多尺度 O_3 模拟系统（如 PRAISE-HK、IAQMS-street 等），实现了街区尺度空气质量实时预报（Hood et al.，2017；Wang T et al.，2022a）。2020 年北京夏季试验表明，区域—城市—街道的多尺度系统的 O_3 浓度模拟准确率较区域模型提升 5%～10%，NO_x 浓度准确率提升 10%～30%（Wang T et al.，2022a）。上述研究为我国下一步建立全尺度（全球—区域—城市—园/街区）一体化模拟系统奠定了技术基础，但该技术总体尚处于研发阶段，有必要深入开展应用场景示范，支撑 O_3 污染精细化防控。

在长时间预报方面，基于预测预报系统在 O_3 延伸期（15～30 天）和跨季节（3～6 个月）预报方面取得了突破。国内多地基于美国国家环境预报中心（NCEP）新一代气候预测系统 CFSv2 开展了延伸期空气质量数值预报技术的研发与应用（王威等，2023）。成都市于 2018 年实现了月度空气质量数值预报系统（CDAQS-LT）业务化运行，并在成都平原经济区空气质量联合会商和污染管控中得到了应用

（杨欣悦等，2021）。与高时间分辨率的短临预报相比，延伸期预报对污染发生具体时间的判断还存在较大的不确定性，但可提前预判污染过程发生的风险，具有重要的应用价值。此外，为了研判年度 O_3 污染整体趋势，有研究借鉴气候预测方法，开展了 O_3 污染跨季节（3～6 个月）预测预研究。Wang 等（2020）利用北大西洋涛动、海冰等大尺度气候预测因子建立了我国北方 O_3 跨季节预测指数（OWI），该方法与美国哈佛大学建立的 O_3 跨季节统计预报模型思路基本一致（Shen et al.，2017）。与延伸期预报相比，O_3 跨季节预测的不确定性更大，目前仍处于研发探索阶段，其预测结果仅局限于 O_3 污染的外部条件，而非浓度本身，主要作为参考。

3. 预报预警机制构建

我国已初步形成了"国家—区域—省级—城市"四级空气质量预报网络，并不断标准化、规范化预报预警机制，同时积极推动跨区域、跨部门、跨行业合作，提升区域和城市 O_3 预报预警的业务化水平。

标准化方面，生态环境部于 2020 年发布了我国环境空气质量预报领域首个国家标准《环境空气质量数值预报技术规范》（HJ 1130—2020），对数值预报模式的基本要求、运算处理和效果评估方法等进行了规范。各地市也陆续制定了相应的预报技术规范，如长三角地区联合发布的《长三角生态绿色一体化发展示范区环境空气质量预报技术规范》（DB31/T 310004—2021）、深圳市《环境空气质量预报预警技术规范》（DB4403/T 208—2021）、安徽省《环境空气质量预报、会商、评估和发布规程》（DB34/T 4276—2022），陕西省还发布了国内首例专门针对 O_3 预报技术的地方标准《环境空气臭氧预报技术指南》（DB 61/T 1570—2022），为各地完善 O_3 预报预警机制提供了重要的案例参考。

规范化方面，建立了半月预报会商、保障预报会商以及重污染天气预报会商三大工作机制，形成了 O_3 形势周报工作模式（图 4.7）。半月预报会商主要通过联合气象与生态环境部门，形成常态化联合会商机制，于每月月初和月中发布未来半月空气质量预报结果。保障预报会商主要服务于重大活动等的空气质量保障需求，通过建立多部门、多地区协调联动机制，为重大活动期间区域空气质量保障提供科学支撑，在北京冬奥会、上海进博会、武汉军运会、成都大运会、杭州亚运会等多次重大活动中发挥了重要作用。重污染天气预报会商主要服务于重污染天气应对，即在预报可能发生重污染过程时，不定期地组织多部门开展联合会商，研判污染的范围、影响程度和持续时间，及时发布预测预报信息。2020 年 5 月起，由中国环境监测总站牵头，正式建立了全国 O_3 形势周报机制，实现了全国 339 个城市未来七天 O_3 最大 8 小时业务化预报。

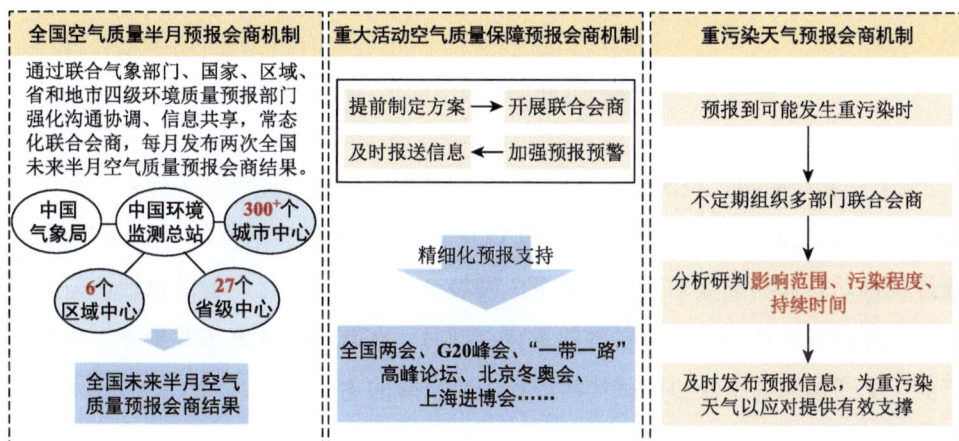

图 4.7　全国三大预报会商工作机制流程

O_3 预报预警会商也支撑生态环境部门建立了 O_3 污染监督帮扶工作机制，在重点区域投入了实战应用。2020 年，华南区域空气质量预测预报中心联合广东及周边省份和香港特别行政区、澳门特别行政区，搭建了跨区域、跨部门、多层级的预报会商和信息共享机制，形成了"预测预报—联合会商—信息发布—情景评估—决策支持"全流程的预报预警技术体系，建立了省级管理部门和权威专家指挥调度、市级管理部门和帮扶专家任城市工作组双组长的监督帮扶服务机制，支撑华南地区（特别是粤港澳区域）O_3 污染联防联控。成都市自 2017 年起依托 O_3 业务化预报预警体系，形成了"现状—科研—措施—执行—评估"五步闭环工作法，建立了市生态环境、经信[①]、城管、交通等多部门协作机制，推动了 O_3 污染防治工作的不断深化。

预报预警技术已成为支撑 O_3 污染精准防治的重要手段，相关技术手段、系统

---

① "经信"是"经济和信息化委员会"的简称。

平台和工作机制已基本建成。需要指出的是，多尺度精细化预报、VOCs 物种协同同化、人工智能等前沿技术尚未业务化应用于预报系统，仍需通过更长期的应用进一步完善和优化。同时，还需在延伸期和跨季节预报方面做出更多的探索和尝试，尽快实现业务化，提升 O_3 污染形势的提前研判能力。数值模型是 O_3 预测预报的基础，未来应继续加大数值模型技术的研发，提升对多物种、多来源、多过程、多介质、多尺度的综合模拟能力，不断提升 O_3 模拟准确率。

第五节　臭氧前体物治理与监管技术

"十三五"期间，我国基本建立了 O_3 前体物的治理与监管技术体系，有力支撑了 O_3 污染防治工作。但全国 NO_x 和 VOCs 排放总量仍居高位，"十四五"以来，在继续推动前体物高效治理的前提下，发展全过程、精细化、智慧化治理与监管手段，逐渐成为该领域技术发展的重点。同时，在减污降碳需求背景下，能源、产业、交通结构调整及协同减排将成为未来发展的主要方向。

1. 工业源治理技术进展

● **NO_x 治理**

电力、钢铁、建材和焦化等重点行业是我国工业大气污染物排放的主要来源，随着我国燃煤电厂超低排放标准的全面推广，电力行业 NO_x 排放大幅度削减，钢铁、建材、焦化、有色等非电力行业逐渐成为工业 NO_x 减排的重点。近年来在生态环境部的大力推动下，上述领域相继启动超低排放治理工作，NO_x 深度减排技术逐渐成为工业 NO_x 治理的重点方向。

钢铁行业方面，2019 年国家发布了《关于推进实施钢铁行业超低排放的意见》，推动了我国钢铁行业治理从"单工序"向"全流程"转变，控制技术从"单一污染物控制"向"多污染物协同控制"升级。其中，烧结机机头、球团焙烧烟气颗粒物、SO_2、NO_x 排放浓度小时均值要求分别不高于 $10mg/m^3$、$35mg/m^3$、$50mg/m^3$，主流的 NO_x 深度减排技术包括烧结烟气选择性循环、半干法脱硫耦合中低温选择性催化还原（SCR）脱硝、活性炭法一体化、O_3 氧化—硫硝协同吸收、钠基旋转喷雾干燥法（SDA）脱硫耦合低温 SCR 脱硝和高炉炉料结构优化的硫硝源头减排技术等（图 4.8）。截至 2023 年 11 月，全国 73 家长流程钢铁企业约 40% 的产能已完成超低排放改造，全国钢铁超低排放治理取得了良好的效果。

建材行业主要包括水泥、平板玻璃、建筑卫生陶瓷等，其 NO_x 排放约占全国总排放量的 14%。其中，水泥窑是建材行业 NO_x 排放的主要来源，主流采用选择性非催化还原（SNCR）脱硝和 SCR 脱硝技术相结合的方式开展深度治理。生态环境部《重污染天气重点行业应急减排措施制定技术指南》对 A 级企业水泥窑及窑尾余热利用系统提出了 NO_x 排放浓度不高于 $50mg/m^3$（以 N 计）的深度治理要求，同时氨逃逸浓度小于 $5mg/m^3$。为推动水泥行业全面开展 NO_x 深度减排，生态环境部于 2023 年 11 月正式审议并通过了《关于推进实施水泥行业超低排放的意见》，要求至 2025 年重点区域 50%左右的水泥熟料产能完成改造，2028 年力争完成 80%，其中水泥熟料生产企业达到基本完成的目标。其中，水泥窑及窑尾余热利用系统烟气颗粒物、SO_2 和 NO_x 排放浓度小时均值要求分别不高于 $10mg/m^3$、$35mg/m^3$、$50mg/m^3$。

焦化行业方面，《关于推进实施焦化行业超低排放的意见》于 2023 年 11 月正式审议并通过。提出到 2025 年年底前，重点区域焦化企业力争 80%左右产能完成改造；到 2028 年年底前，重点区域焦化企业基本完成改造，全国力争 80% 左右产能完成改造。关于有组织排放控制指标，提出强化源头治理，鼓励焦炉采用分段（多段）燃烧、废气循环、负压装煤等源头控制措施；脱硫、脱硝、除尘和 VOCs 等末端治理应采用成熟稳定的污染治理技术。在基准含氧量 8%的条件下，焦炉烟囱废气颗粒物、二氧化硫、氮氧化物、非甲烷总烃、氨排放浓度小时均值分别不高于 $10mg/m^3$、$30mg/m^3$、$150mg/m^3$、$100mg/m^3$、$8mg/m^3$。同时，鼓励企业在超低排放改造时统筹开展减污降碳改造和清洁生产改造，积极探索污染物和温室气体协同控制工艺技术，到 2025 年，完成 4.6 亿吨焦化产能清洁生产改造。

有色冶金行业 NO_x 治理技术主要包括 O_3 氧化法、$SNCR + O_3$ 氧化法和 $SNCR + SCR$ 三种。O_3 氧化法主要应用于烟气中 NO_x 浓度较低的工况，脱除效率可达 85%，可将 NO_x 浓度控制在 $100mg/m^3$ 以下；$SNCR + O_3$ 氧化法和 $SNCR + SCR$ 治理工艺可使烟气 NO_x 转化率达到 90%以上，将 NO_x 排放浓度稳定维持在 $50mg/m^3$ 以下。目前国标要求冶金行业 NO_x 排放限值在 $200mg/m^3$ 以下，已无法指导新形势下冶金行业的深度治理，建议制定更加严格的排放标准，同时增加氨逃逸要求。此外，考虑到有色行业废气 Pb、Hg、As 浓度水平较高，所采用 SCR 催化剂需具备一定的抗重金属中毒性能且需加装除尘装置。

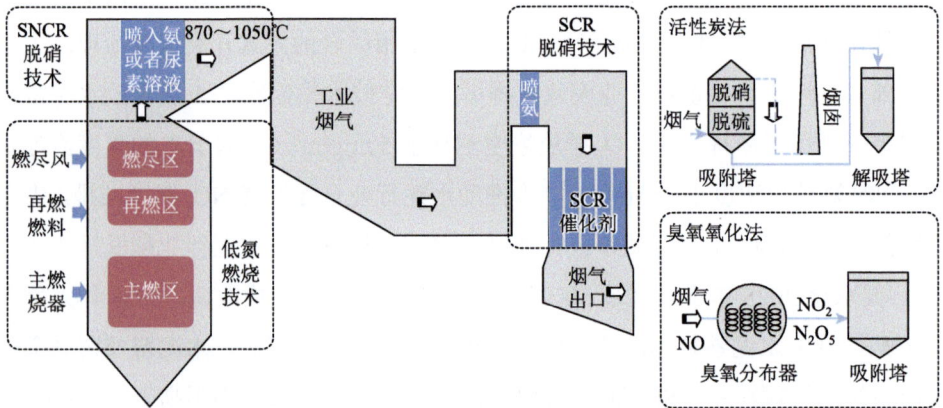

图 4.8　工业烟气 NO$_x$ 主要减排技术（单玉龙等，2023）

- **VOCs 治理**

"十三五"期间我国初步建立了"源头—过程—末端"**VOCs** 全过程控制技术体系，推动了工业源 **VOCs** 治理。但收集—投运—处理"三率"问题、源头控制力度不足、无组织排放严重等问题依然突出，成为我国 **O$_3$** 污染防治面临的主要短板。"十四五"以来，我国进一步加大了工业源 **VOCs** 治理力度，治理技术和治理模式得到进一步发展。

源头替代方面，为进一步推动低（无）VOCs 含量、低反应活性、低毒性和高嗅阈值原辅材料使用，规范涂料、油墨、胶黏剂、清洗剂等含 VOCs 产品和原辅料的生产和使用，2019 年以来国家先后制/修订了工业防护涂料、车辆涂料、船舶涂料、木器涂料、胶黏剂、油墨和清洗剂 VOCs 含量限值和有害物质限量要求以及低 VOCs 含量产品推荐技术要求，基本覆盖了汽车整车及零部件生产、船舶制造、集装箱制造、工程机械制造、家具制造、包装印刷等主要溶剂使用行业。表 4.4 所示为各行业低挥发性有机物原辅料替代的主要技术参考。在标准要求基本配备的前提下，如何强化现场监管和政策支持力度将是实现 VOCs 源头控制的关键。

表 4.4 低挥发性有机物原辅料替代技术参考

行业	细分领域	工序	替代方向及路径	
			低 VOCs 原辅材料	先进生产工艺
包装印刷	塑料包装印刷	凹版印刷	水性凹印油墨	无溶剂复合、共挤出复合、UV 凹版印刷、EB 印刷
		柔版印刷	水性柔印油墨	
		复合	水基型胶黏剂、本体型胶黏剂	
	纸包装印刷	平版印刷	植物油基胶印油墨、UV 胶印油墨	自动橡皮布清洗技术、零醇润版胶印技术、无水胶印技术
		柔版印刷	UV 柔印油墨、水性柔印油墨	
		凹版印刷	水性凹印油墨	
		复合	水基型胶黏剂	
		上光	水性光油、UV 光油	
		润版	无/低醇润湿液	
		清洗	水基清洗剂	
	金属包装印刷	平版印刷	UV 胶印油墨	自动供墨系统
		柔版印刷	水性柔印油墨	
		喷涂	水性涂料	
		上光	UV 光油	
工业涂装	木质家具制造	涂装	水性木器涂料、辐射固化涂料、粉末涂料、无溶剂涂料	木质家具宜使用往复式喷涂箱、机械手和静电喷涂等高效涂装技术；酚醛板家具宜使用粉末静电喷涂等技术；其他板式家具宜采用辊涂、淋涂、机械手、往复式喷涂箱等高效涂装技术
	金属家具制造	涂装	粉末涂料	免漆打磨抛光、高效往复式喷涂箱、机械手、静电喷涂工艺
		清洗	水基清洗剂、半水基清洗剂	—
	软体家具制造	施胶	水基型胶黏剂、本体型胶黏剂	刷涂
	机械制造	涂装	水性涂料（工程机械和农业机械 涂料、港口机械和化工机械涂料）、辐射固化涂料、粉末涂料、无溶剂涂料、高固份溶剂型涂料（工程机械和农业机械 涂料、港口机械和化工机械涂料）	宜采用自动喷涂、静电喷涂或无气喷涂等高效涂装技术，减少使用手动空气喷涂技术
		清洗	水基清洗剂、半水基清洗剂	—
		施胶	水基型胶黏剂、本体型胶黏剂	—
	钢结构制造	涂装	水性涂料（金属基材防腐涂料、混凝土防护涂料）、无溶剂涂料、高固份溶剂型涂料（金属基材防腐涂料、混凝土防护涂料）	宜采用高压无气喷涂、热喷涂等高效涂装技术
		清洗	水基清洗剂、半水基清洗剂	—
		施胶	水基型胶黏剂、本体型胶黏剂	—

续表

行业	细分领域	工序	替代方向及路径	
			低 VOCs 原辅材料	先进生产工艺
工业涂装	汽车制造	涂装（底漆、中涂、色漆）	水性涂料、辐射固化涂料	高流量低压力（HVLP）喷枪、静电旋杯喷涂、自动空气悬杯/喷枪、静电辅助的压缩空气喷涂，"三涂一烘""两涂一烘"或免中涂等紧凑型涂装工艺
		清洗	水基清洗剂、半水基清洗剂	
		施胶	水基型胶黏剂、本体型胶黏剂	
电子产品制造	电子终端产品	涂装	粉末、水性、UV、高固体分等涂料	无空气喷涂、静电喷涂、电泳涂装，高流量低压力（HVLP）喷枪，自动清洗、高压水洗、二级清洗等清洗方式
		清洗	水基清洗剂、半水基清洗剂	
		黏合	水基型胶黏剂、本体型胶黏剂	
	电子元件	清洗	水基清洗剂、半水基清洗剂	
		印刷	水性柔印油墨、高固体分柔印油墨、能量固化柔印油墨	
		黏合	水基型胶黏剂、本体型胶黏剂	
	半导体器件	清洗	水基清洗剂、半水基清洗剂	
		印刷	水性柔印油墨、高固体分柔印油墨、能量固化柔印油墨	
	显示器件及光电子器件	清洗	水基清洗剂、半水基清洗剂	
		印刷	水性柔印油墨、高固体分柔印油墨、能量固化柔印油墨	
		喷涂	水性涂料、粉末涂料、辐射固化涂料	
		清洗	水基清洗剂、半水基清洗剂	
		黏合	水基型胶黏剂、本体型胶黏剂	
其他	纺织印染	染色	环保型染料（如植物染料环保型媒染剂）、无醛固色剂、环保型柔软剂	1. 转移印花、喷射印花、静电印花等印花技术；2. 湿法涂层工艺等清洁生产技术；3. 蒸汽或天然气作为热定型热源工艺
		涂层	水性涂层浆	
	人造革和合成革	施胶	无溶剂聚氨酯热熔胶、水性聚氨酯胶	水性与无溶剂合成革生产线

过程控制方面，目前主要采用全密闭、连续化、自动化生产技术以及高效工艺与设备，有效减少工艺过程无组织排放。挥发性有机液体装载优先采用底部装载方式。石化、化工行业重点推进使用低（无）泄漏的泵、压缩机、过滤机、离心机、干燥设备等，推广采用油品在线调和技术、密闭式循环水冷却系统等。涂装行业重点推进紧凑式涂装工艺，推广采用辊涂、静电喷涂、高压无气喷涂、空气辅助无气喷涂、热喷涂等涂装技术，鼓励企业采用自动化、智能化喷涂设备替代人工喷涂，减少使用空气喷涂技术。包装印刷行业大力推广使用无溶剂复合、

挤出复合、共挤出复合技术，鼓励采用水性凹印、醇水凹印、辐射固化凹印、柔版印刷、无水胶印等印刷工艺。提高废气收集率也是过程控制的关键。采用全密闭集气罩或密闭空间的，除行业有特殊要求外，应保持微负压状态，并根据相关规范合理设置通风量；采用局部集气罩的，距集气罩开口面最远处的 VOCs 无组织排放位置，控制风速应不低于 0.3m/s，有行业要求的按相关规定执行。

末端治理方面，关键核心技术主要包括吸附技术、焚烧技术、催化技术、冷凝技术、吸收技术、生物治理技术等。"十四五"以来，末端治理技术正努力向精细化、专业化深度治理方向发展。其中，吸附技术着重在活性炭类、沸石类、树脂类等吸附材料的性能提升，以及吸附回收工艺和吸附浓缩工艺的优化。高温焚烧技术（TO/RTO）重点在于高效节能结构设计，以及高性能陶瓷蓄热体的研发。催化燃烧技术（CO/RCO）重点在于高效节能结构设计以及广谱/高选择性催化剂的研发。冷凝技术重点发展深度冷凝、多级冷凝技术，研究热点主要集中在对冷凝系统的稳定运行和节能优化设计。吸收技术重点在强化吸收剂的研发和吸收/高级氧化协同治理技术。生物净化技术重点在于高性能生物菌剂驯化、三维骨架填料和两相分配生物反应器设计等方面。在减污降碳背景下，VOCs 治理的同时必须兼顾碳减排，溶剂回收利用、生物净化等绿色低碳治理技术受到越来越多的重视（栾志强等，2023）。表 4.5 所示为当前主要的 VOCs 末端治理技术及其去除效率。

表 4.5　主要 VOCs 末端治理技术和去除率

治理技术	治理工艺	VOCs 去除率
燃烧及其组合技术	蓄热燃烧（RTO）	90%
	旋转式分子筛吸附—脱附—蓄热燃烧	85%
	活性炭吸附—脱附—蓄热燃烧	70%
	直接燃烧（TO）	90%
	旋转式分子筛吸附—脱附—直接燃烧	85%
	活性炭吸附—脱附—直接燃烧	70%
	蓄热催化燃烧（RCO）	85%
	旋转式分子筛吸附—脱附—蓄热催化燃烧	80%
	活性炭吸附—脱附—蓄热催化燃烧	65%
	催化燃烧（CO）	80%
	旋转式分子筛吸附—脱附—催化燃烧	75%
	活性炭吸附—脱附—催化燃烧	60%

续表

治理技术	治理工艺		VOCs 去除率
吸附及其组合技术	一次性活性炭吸附	集中再生并活化	50%
		集中再生	30%
		不再生	15%
	低温等离子体/光解/光催化——一次性活性炭吸附		15%
回收及其组合技术	冷凝—膜分离—吸附		90%
	冷凝—吸附	非轻烃（碳 5 及以上）或深冷（冷凝温度低于−80℃）	70%
		轻烃（碳 4 及以下）且冷冻水水冷	50%
	吸附—蒸气/氮气/空气等脱附—冷凝		60%
其他技术	喷淋吸收	DMF①、DMAC②废气＋集中回收	80%
		甲醛、甲醇、乙醇等水溶物质	30%
		非水溶性 VOCs 废气	10%
	生物降解	生物滴滤	30%
		生物过滤	25%
		生物洗涤	20%
	低温等离子体		10%
	光解		10%
	光催化		10%
	臭氧氧化		10%

注：①DMF 为二甲基甲酰胺有机溶剂；②DMAC 为 N,N-二甲基乙酰胺。

治理模式方面，针对产业集聚区 VOCs 排放分散的问题，绿岛、集中喷涂中心等集约化的 VOCs 治理运营模式逐渐得到推广应用。各企业无须建设独立的喷涂产线或污染治理设施，可通过集中喷涂、活性炭集中再生、溶剂集中回收处置等技术，实现统一收集、集中治理、稳定达标排放，可最大限度减少 VOCs 治理和监管的难度。2021 年，生态环境部印发的《关于加快解决当前挥发性有机物治理突出问题的通知》，鼓励有条件的工业园区和企业集群建设分散吸附、集中脱附模式的活性炭集中再生中心等项目，浙江、山东、广东等地已开展了相关试点，取得了较好的效果。

2. 移动源治理技术进展

移动源 NO_x 和 VOCs 排放分别占我国臭氧前体物排放总量的 34% 和 15%（MEIC，2021）。2020 年以来，国六汽、柴油车和国四非道路移动机械等排放标

准的相继实施推动了我国移动源排放控制技术的进一步提升。

汽油车方面，我国国六轻型汽车排放标准于 2020 年 7 月正式实施，该标准改变了以往等效转化欧洲排放标准的方式，是全球最严格的排放标准之一。该标准在技术上取得了多方面的突破，一是采用全球轻型车统一测试程序，全面加严了测试要求，有效减少了实验室认证排放与实际使用排放的差距。二是引入了实际行驶排放测试（RDE）要求，有效防止实际排放超标的作弊行为。三是首次采用燃料中立原则，强化了柴油车 NO_x 和汽油车 PM 控制要求。四是加强了全过程 VOCs 排放控制，引入 48 小时蒸发和加油过程排放试验，将蒸发排放控制水平提高至 90% 以上。五是完善了车辆诊断系统要求，增加永久故障代码存储要求和防篡改措施，有效防止车辆在使用过程中超标排放。六是简化了主管部门开展生产一致性和在用符合性检查的规则和方法，提高了可操作性。

柴油车方面，我国重型柴油车国六排放标准于 2021 年 7 月 1 日正式实施，这标志着过去 20 年我国重型柴油车排放控制实现了从国一到国六的飞跃，经历了"氧化法—(SCR + ASC)/(DOC + DPF)—DOC + DPF + SCR + ASC"三个阶段的技术升级，形成了后处理高效净化和车载诊断集成的智能控制体系（Xu G Y et al., 2023），基本与发达国家接轨。与国五标准相比，国六标准一方面加严了排放限值要求，NO_x 和 PM 排放限值分别降低了 77% 和 67%（图 4.9），还增加了颗粒物数量（PN）和 NH_3 排放控制要求。在测量方法上，更强调与实际行驶工况的对应，引入了全球统一重型发动机瞬态循环（WHTC）等工况和加权计算方法，能够更加有效地考核排放控制装置在低速、低负荷工况下是否起作用。在排放耐久、生产一致性和在用符合性方面的监管要求也更为严格。此外，国六还规定了车载远程 OBD[①]通讯终端安装要求，为实现重型柴油车排放全天候实时动态监管奠定了重要基础。

非道路移动机械方面，现阶段 NO_x 治理技术主要以燃油管控和机内净化技术为主，即通过提升燃油和润滑油品质等方案，保障发动机的清洁高效运行；通过优化发动机本体、增压和增压中冷、废气再循环（EGR）等技术，实现发动机的清洁燃烧。2022 年 12 月 1 日，我国正式实施了非道路移动机械国四排放标准，首次采用机内净化技术＋后处理技术的组合技术路线，如优化燃烧＋SCR、

---

① "OBD"是一种车载诊断系统，用于排放控制系统监测。

EGR+DPF/CDPF，甚至包括优化燃烧+SCR+DPF/CPDF 的组合技术路线，以同时满足较低的 NO_x 和 PM 排放控制要求。目前，国二机械仍是我国非道路移动机械构成的主体，其次为国一及以前的老旧机械，劣化程度大、排放强度高，在加快推动国四新机械导入的同时，应加强对国二及以前机械的管控，加大老旧机械的淘汰更新或升级改造力度。

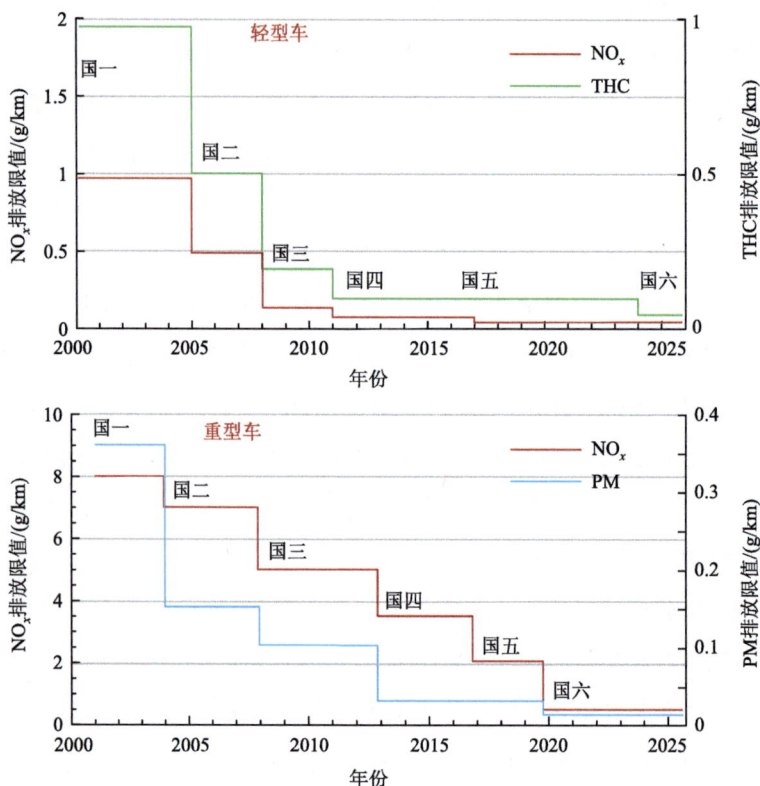

图 4.9 轻型车和重型车不同排放等级限值要求

船用柴油机方面，我国于 2015 年 12 月颁布了《珠三角、长三角、环渤海（京津冀）水域船舶排放控制区实施方案》，正式对船舶燃油进行了管控，并于 2018 年 11 月颁布了《交通运输部关于印发船舶大气污染物排放控制区实施方案的通知》，将排放控制区扩展至沿海 12 海里（DECA），并对中国船舶 NO_x 排放做出了限制。此外，我国也颁布了《船舶发动机排气污染物排放限值及测量方法（中国第一、二阶段）》（GB 15097—2016），并已于 2021 年 7 月 1 日实施了第二阶段排放标准，

对 NO_x 等污染物排放进行管控。船舶柴油机 NO_x 的减排策略主要分为净化技术措施和政策减排措施。净化技术措施包括机内技术、机外技术和其他技术，其中机内技术包括缸内喷水技术、进气加湿技术（HAM）和 EGR 技术；机外技术包括 SCR 和 SNCR 技术；其他技术主要与燃料相关，如添加乳液（WiFE）等。总体来看，目前只有 SCR 技术的运用可以使 NO_x 排放满足国际海事组织（IMO）的 Tier III 标准，但是需要较多的改装或安装费用以及较高的运行成本。同时，结合岸电等政策措施，可以降低单船平均 NO_x 排放，未来船舶的 NO_x 减排方案应灵活结合多种减排措施并控制减排成本。

运输结构和能源结构优化取得初步成效，将成为下一阶段交通领域减污降碳的重要抓手。我国货运以公路运输为主，铁路运输占比极低。2019 年以来，我国公路货运占比持续保持在 75%左右，高强度、长距离公路货运需求导致的重型柴油车排放影响突出。2018 年，国务院办公厅印发《推进运输结构调整三年行动计划（2018—2020 年）》，提出以推进大宗货物"公转铁、公转水"为核心，以多式联运为重点，加快货运结构优化调整。实施以来，全国铁路货运占比由 2017 年的 7.8%提高至 2021 年的 9.2%，水路货运占比由 2017 年的 14.1%提高至 2021 年的 15.8%（中国统计年鉴，2022）。天津港于 2017 年全面停止煤炭汽运集港，并引入散改集、双重运输、远程铁路+短途公路等新模式，2021 年铁矿石铁路输运比例达 65%，位居全国港口前列。

另一方面，大力推广新能源汽车也是从根本上减少移动源排放的重要手段之一。新能源汽车主要包括纯电动车、插电式混合动力（含增程式）车、燃料电池车等类型，2022 年，我国新能源汽车产销规模突破 650 万辆，已成为全球最重要的市场。目前，新能源汽车发展仍面临成本偏高、充电设施不足、续航里程不理想等问题，尤其是在重型车辆上的应用仍十分有限。但总体而言，优化调整运输结构和能源结构，构建以电气化铁路、清洁船舶为主的中长途客货运，以低排放车、新能源车为主的短途客货运体系，是推动减污降碳协同增效的重要举措。

3. 前体物排放监管技术进展

● **固定源排放监管**

工业源 NO_x 排放监管方面，重点源在线监测技术已总体普及，但监测质控与数据异常等问题依然存在，亟需建立更为严格的监测质控规范要求。2018 年以来，国家相继发布了《固定污染源废气非甲烷总烃连续监测系统技术要求及检测方法》（HJ 1013—2018）和《固定污染源废气中非甲烷总烃排放连续监测技术指南（试行）》（环办监测函〔2020〕90 号）等技术规范，对监测系统的组成结构、技术要求、性能指标及监测方法等做了规定。为提高固定源在线监测数据有效性，应尽快利用标准化、自动化、智能化等现代新技术，尽量减少人工干预，确保在线监测技术发挥实效。

工业源 VOCs 排放监管方面，中小企业 VOCs 的排放监管一直是该领域的难点和短板，其最突出的问题是收集效率低、治理设施低效、运行管理难度大，近年来 VOCs 治理运行工况监控技术逐渐得到试点应用。生态环境部环境规划院调查发现，目前我国中小企业 VOCs 治理设施总体上以单级低温等离子、光氧化催化、生物技术、非水溶性 VOCs 废气喷淋吸收或上述简易低效设备的组合技术为主，其占比达到 80%左右，尤其是在印刷、工业涂装等行业比较集中，其 VOCs 排放普遍存在浓度低、风量小、收集点散、间歇性强、设施运行不规范等管理难点。针对这些问题，近年部分省市陆续开展了 VOCs 治理设施运行工况全过程监控系统建设试点，即在 VOCs 治理设施上安装工况监测系统，通过运行工况环境和气体分析传感器监测，对治理设施前后端 VOCs 浓度、压差、风速、温湿度以及风机等设备运行状态进行实时监控，对"收集—运行—处理"三率进行全过程监管。目前，广东、山东、安徽等省市已开展相关试点，可以在科学评估其监管成效的基础上，逐步在中小企业进行推广应用。

工业园区监测溯源技术日益成为区域 VOCs 排放监管的重要手段。工业园区排放企业集中、生产环节和物种复杂、无组织管理和异常排放问题突出，是工业源 VOCs 排放监管的重点和难点。为此，国家加大了对工业园区和产业集群环境空气质量 VOCs 的监测力度，要求石化、化工类工业园区建设监测预警监控体系，开展走航监测、网格化监测以及溯源分析等工作；涉恶臭污染的工业园区和产业集群，推广实施恶臭监控预警。在此基础上，各地逐渐建成了包括固定站在线监测、车载走航和无人机飞航等移动测量技术以及由 DOAS、FTIR、超光谱等光谱测量技术组成的垂直探测体系以及传感器网络的园区监测溯源技术体系。同时，结合小尺度扩散模拟和高分辨率源谱资料，以实现园区 VOCs 污染的快速预警溯源（图4.10）。目前，这类技术已在工业园区和重点企业VOCs监管工作中投入实际应用，以上海某化工园区为例，2018～2022年，用于评价的36种VOCs总浓度由132.67μg/m³下降至70.76μg/m³，报警次数由579下降至129次，降幅分别为46.7%和77.7%（上海市环境监测中心提供）。

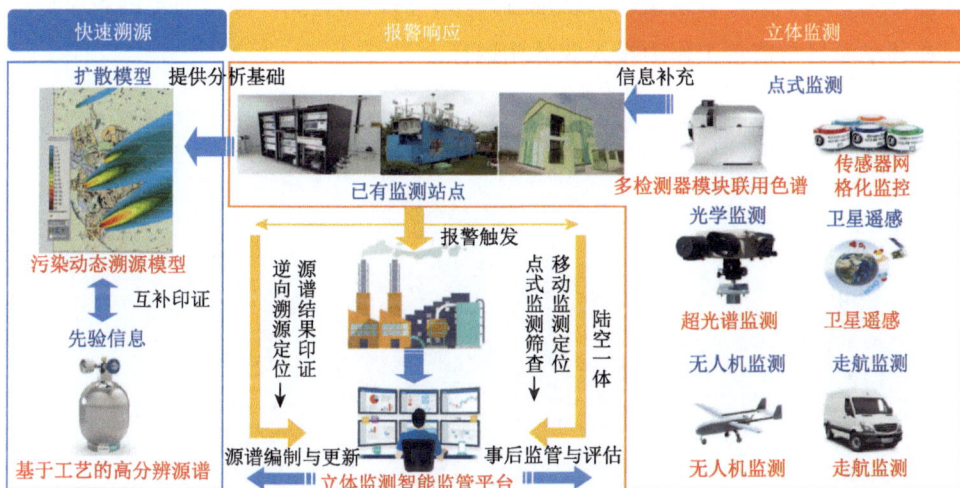

图4.10 工业园区VOCs立体监测溯源技术体系

● **移动源排放监管**

我国移动源体量庞大、流动性强，高排放车辆隐蔽其中，对这些车辆的侦测与排查存在极大的难度，传统以路查路检和年度检验为主的监管手段难以满足对高排放车辆有效监管的迫切需求。因此，构建移动源"天—地—车—人"一体化监控体系成为主要技术方向，逐渐在"车、油、路、企"全链条监管中发挥重要作用。"天"是指利用遥感监测、黑烟抓拍等技术对道路中行驶的车辆进行实时检测；"地"是指机动车检测与维修（I/M）管理，即通过机动车定期检测对车辆尾气排放进行监管，再经维修治理信息对比，实现检维修闭环管理；"车"包括重型柴油车和非道路移动机械远程监控、大户制与门禁管理、非道路移动机械号牌管理、加油站与油气回收监管等实时在线监测技术手段，通过大数据对在用车辆和机械排放及其油品和还原剂使用进行远程非现场监管；"人"是指路检路查、入户检查、非道路移动机械抽查、检验机构核查等方式开展的移动源监督管理。通过"天—地—车—人"信息联动和智能诊断，可实现对移动源排放的全天候闭环式监管，大幅度提升监管效率，降低执法成本。

目前，北京、上海、成都等重点城市陆续构建了相应的监管平台并投入实战应用。图4.11为上海市重型柴油车智慧监管系统及其功能模块，通过数据实时传输、云计算、大数据等手段实现了10万辆以上重型柴油车排放、后处理装置运行、加油行为、用车大户以及集中活跃地等"车、油、路、企"环节的全链条监管，已在移动源日常监管工作中投入业务化运行。

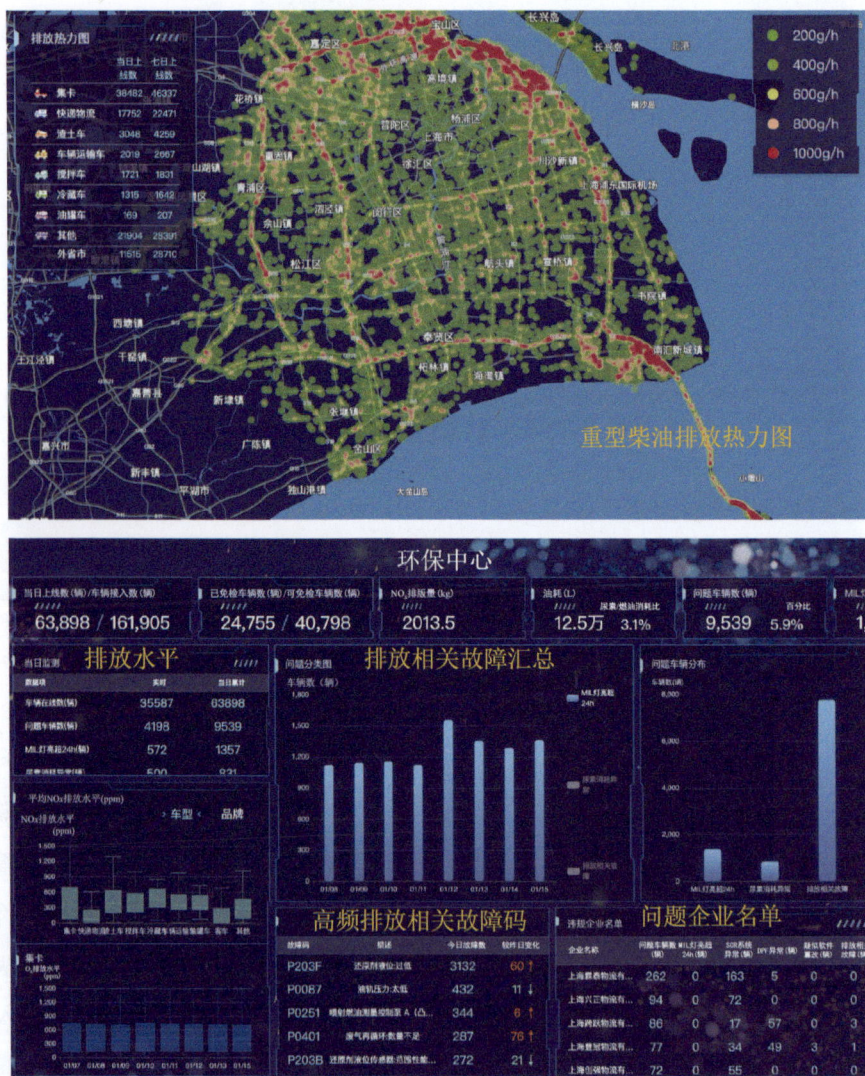

图4.11　上海市重型柴油车智慧监管系统示意图

　　总体而言，大数据监测监控技术已成为移动源监管的主要方向，如何保障监控数据质量、科学设计监管场景、实现监测执法闭环及建立区域联动机制应是下一阶段重点研究发展的方向。

　　综上，近年来我国前体物排放治理和监管已取得了长足进步，但 NO_x 和 VOCs 排放总量仍处于高位，仍需持续推进重点行业的深度减排与精细化监管。

　　工业源 NO_x 方面，下阶段应继续深化钢铁、水泥、焦化等重点行业超低排放治理，推动减污降碳协同技术的开发与应用。工业源 VOCs 方面，应聚焦石化、化工、涂装、印刷等重点行业，全面推广"源头—过程—末端"全过程控制技术，鼓励产业集聚区建设推广绿岛、集中喷涂中心等集约化治理模式。移动源方面，在持续加快排放标准提升的同时，不断推进运输结构和能源结构优化调整，加大重型货运电动化以及氢能等新能源技术的研发与应用。

　　监管方面，应充分利用标准化、自动化、智能化等现代新技术，尽量减少人工干预，形成全天候智慧化的排放监管体系。针对固定源，应逐渐推进传统以"人+现场"为主的监管模式向"远程＋在线"的非现场监管手段发展。针对工业园区，应加快建立天空地一体化监测与小尺度预警溯源相结合的监管网络。针对移动源，应加快构建"天—地—车—人"一体化监控体系，实现"车、油、路、企"全链条监管。在监管机制方面，应着力加强监测监管协同联动，建立"监测—执法—反馈—评估"闭环工作机制，提升测管协同工作效能，确保治理措施发挥实效。

第五章　策略与实践

国家和地方日益重视 O_3 污染防控工作。2020 年以来，生态环境部先后发布了《2020 年挥发性有机物治理攻坚方案》《关于加快解决当前挥发性有机物治理突出问题的通知》和《臭氧污染防治攻坚行动方案》等一系列文件，持续组织开展重点区域夏秋季 O_3 污染防治监督帮扶行动。各地也陆续开展 O_3 污染防治行动，积累了大气二次污染防控的实践经验和典型案例。

第一节　国外臭氧污染防治案例

美国、欧洲等发达国家和地区都曾饱受 O_3 污染问题的困扰，为此，他们开展了长期的 O_3 污染防治探索和行动。进入 21 世纪以来，美国、欧洲的大气 O_3 浓度总体上持续下降。

1. 北美：制定达标规划，实施臭氧污染联防联控

根据环境空气质量管理要求，美国将全域划分为三类 O_3 管控区域，即"达标区""非达标区"和"未可分类区"，并针对 O_3 污染的时空分布特征及其前体物排放的关联，制定并实施了一系列的法规标准及相关措施，陆续编制出台了多项固定源和移动源排放标准。在污染控制策略上，美国早期的 O_3 污染防控主要以 VOCs 排放控制为主：针对 VOCs 排放，于 2005 年发布了《臭氧污染控制计划中 VOCs 治理的临时性指南》；为减少有毒有害污染物（HAPs）排放，于 2007 年发布了各行业喷涂过程的 VOCs 排放控制技术指南；2011 年推广使用清洁能源替代燃料，2019 年修订了石油和天然气行业新污染源执行标准（NSPS）。在 O_3 污染防治实践中，美国认识到 NO_x 减排对 O_3 污染防治的重要性，1990 年修订《清洁空气法案》后，开始强化电力行业 NO_x 排放控制，实施对 NO_x 和 VOCs 协同减排。美国总体的 O_3 污染防治历程见表 5.1 所示。

表 5.1　美国 O₃ 污染防治历程

年份	1971年	1979年	1983年	1987年	1990年	1997年	2000年	2005年	2006年	2008年	2010年	2011年	2012年	2015年	2016年	2019年
臭氧浓度限值		臭氧 1h 平均值 120ppb				3 年 O₃ 8h 滑动平均值的第四大值，80ppb				3 年 O₃ 8h 滑动平均值的第四大值，75ppb					3 年 O₃ 8h 滑动平均值的第四大值，70ppb	
法规法案	国家环境空气质量标准 NAAQS	第三次修订 NAAQS	第四次修订 NAAQS	第六次修订 NAAQS	修订《清洁空气法案》	第七次修订 NAAQS，签订《关于开展解决 O₃ 和 PM 跨界污染的合作协定》	签订《臭氧附件》	发布《清洁空气州际法规》	第八次修订 NAAQS	第九次修订 NAAQS	第十次修订 NAAQS	制定《跨州空气污染条例》CASPR	第十一次修订 NAAQS	第十二次修订 NAAQS，修订 CASPR	修订 CASPR	修订石油和天然气新污染源执行标准
法规法案	首次制定 O₃ 环境空气质量标准，标准污染物指标为光化学氧化剂（以 O₃ 计）	标准污染物指标名称调整为臭氧，O₃ 限值适当放宽	废除 HC② 标准	废除 TSP① 标准，实施 PM₁₀ 年均和 24 小时均值；提出制定 PM₂.₅ 空气质量标准	成立 O₃ 传输委员会（OTC），负责美国东北部 11 个州和华盛顿特区的 O₃ 运输工作和规划，推动 NOₓ 交易制度	发布 PM₂.₅ 标准，增加 O₃ 8h 标准，以 O₃ 年评价标准为当日最大 8h 滑动浓度第四大值的 3 年滑动平均	通过削减 VOCs 和 NOₓ 达到两国环境空气质量标准	州际尺度加强 O₃ 污染联防联控；加州东部 28 州减少 NOₓ 和 SO₂ 排放	加严 PM₂.₅ 标准，废除 PM₁₀ 年平均值	加严 O₃ 8h 值，废除 O₃ 1h 值，收严 Pb 限值	增加 SO₂ 一级小时值，废除 SO₂ 一级年均值和 24h 值		加严 PM₂.₅ 一级标准年平均值	加严 O₃ 8h 值，降至 0.07ppm（298K，137μg/m³）		—
策略措施	从经济角度出发，以 VOCs 为主的防控策略	编制出台移动源和固定源系列标准				VOCs 面源和消费品等全面减排			实施分阶段区域性 NOₓ 大型燃烧源减排	溶剂、消费品行业从 VOCs 总量控制转为活性总量控制						突出夏季

续表

年份	1971年	1979年	1983年	1987年	1990年	1997年	2000年	2005年	2006年	2008年	2010年	2011年	2012年	2015年	2016年	2019年
减排重点	美国加州地区以VOCs控制为主、东部地区以NOx控制为主					VOCs和NOx协同控制										
							—			强化电力行业NOx减排			进一步强化电力行业减排		强化夏季电力行业减排	—
防控成效	1990年相对于1980年臭氧浓度年均降幅为1.11%/年，年均降幅1.14ppb					2016年相对于1997年臭氧浓度年均降幅为1.0%/年，年均降幅1.83ppb										
科学认知	VOCs和NOx是臭氧的主要前体物					O$_3$区域性污染特征方面达成共识		州际协同、协同控制NOx、深化高架源减排、启动季节性调控								

注：①HC指碳氢化合物；②TSP指总悬浮颗粒物。

针对 O_3 污染的区域性特征，美国于 2005 年发布了《清洁空气州际法规》（CAIR），开始在州际尺度上加强 O_3 污染的联防联控，后被 2015 年起正式生效实施的《跨州空气污染条例》（CASPR）所取代。为应对 O_3 的跨界传输，美国和加拿大于 1997 年签订了《关于开展解决臭氧和颗粒物跨界污染的合作协定》，随后于 2000 年签订了《臭氧附件》，目标是通过削减 NO_x 和 VOCs 排放，达到两国制定的环境空气 O_3 质量标准。通过美加两国的共同努力，在实施了一系列控制措施后，自 2002 年起，两国大气 O_3 浓度出现了显著下降。2015 年，美国大气 O_3 浓度达标；2020 年大气 O_3 浓度下降至 0.068ppm，较 1980 年降低了 33%（图 5.1）。

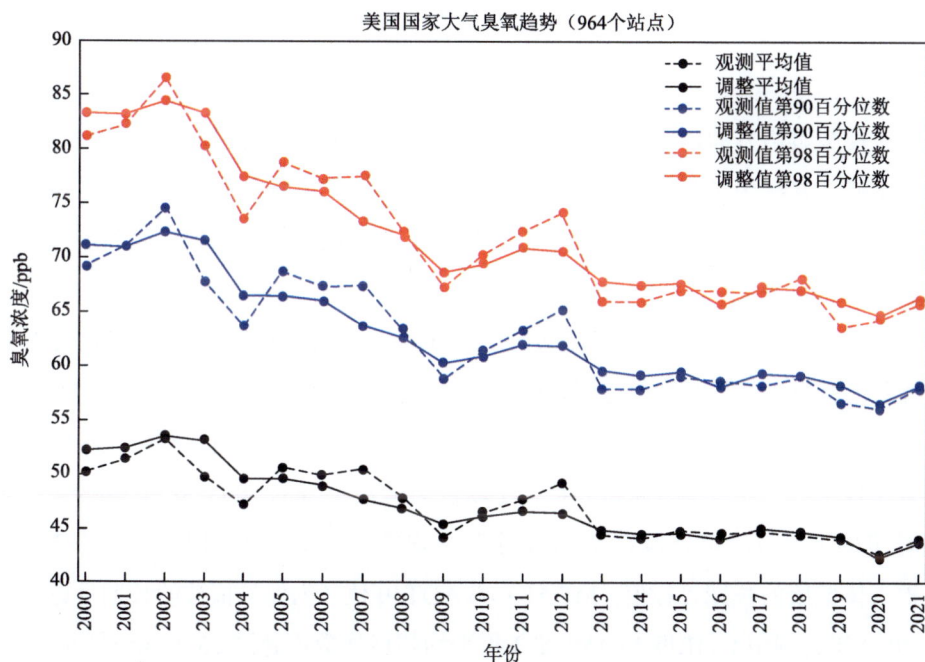

图 5.1　2000～2021 年美国本土监测站 5～9 月日最大 8 小时滑动平均值（黑线）、第 90 百分位数（蓝线）和第 98 百分位数（红线）浓度变化趋势（来源：美国环保局）

2. 欧洲：实施多污染物排放总量控制，落实各国减排责任

欧洲的 O_3 污染防治起步于 20 世纪 70 年代，通过实施一系列的政策法规及污染防治措施，欧洲大气 O_3 浓度的上升趋势在 2000 年左右有所缓解。为进一步推动 O_3 浓度变化趋势进入下降通道，欧盟将 O_3 纳入重点防控对象，围绕 O_3 前体物的持

续减排和主要污染物排放总量控制开展工作，并制定了一系列的标准规范和措施。

随着对 O_3 污染防治认识的逐渐深入，欧洲 O_3 污染的防治逐渐向多污染物协同控制方向发展。2012年，欧盟修订了《哥德堡协议》，设定了2020年包括 SO_2、NO_x、NH_3、VOCs 和 $PM_{2.5}$ 等污染物的排放控制目标。自此，欧洲污染物控制策略打破了以往仅针对单一污染物限制的格局，开始注重多种污染物之间的相互影响和协同控制。2016年欧盟发布了新的国家排放上限指令，该指令设定了2020～2029年及更长期的关于 NO_x 和 VOCs 等主要污染物的减排承诺。（表5.2，图5.2）

3. 欧美经验的借鉴

2000年以来，美国、欧洲等发达国家和地区的 O_3 浓度持续下降。其 O_3 污染防治历程和取得的经验，为我国的 O_3 污染防治提供了有益的借鉴。

在控制策略方面，美国、欧盟制定和严格实施 O_3 防控规划，形成了长期 O_3 防控策略，并经历了从单一前体物（NO_x 或 VOCs）控制到多污染物协同控制的转变，从达标排放控制到污染物总量控制的转变，从主要关注固定源到多污染源综合治理的转变。

在法规标准方面，美国和欧盟均通过颁布相关法律法规指导 O_3 污染防控及其前体物的减排。美国在治理初期采用光化学氧化剂作为指示物，之后采用 O_3 浓度1小时平均值和日最大8小时滑动平均值并逐步加严达标限值。欧盟现行的空气质量法规《关于环境空气质量和致力于欧洲更清洁空气的2008/50/EC 指令》中对 O_3 浓度的评价方法可分为 O_3 浓度1小时平均值、日最大8小时滑动平均值（为保护人体健康的长期目标值，MDA8）和 AOT40 值（为保护植被的长期目标值），自2010年起规定 O_3 浓度 MDA8 的3年平均超标次数不超过25次/年，即采用 O_3 浓度 MDA8 的第93.15百分位数（相当于全年第26大值）进行 O_3 污染年评价。

在联防联控方面，欧美等发达国家和地区对 O_3 污染的区域性特征认识较早，美国在州内和州际尺度上对 O_3 进行联防联控，欧盟各国很早就建立了大气污染联防联控机制和法律法规体系，在 O_3 污染协同控制上发挥了重要作用。

在科学研究方面，美国和欧盟均注重对 O_3 污染形成机理及防控对策的科学研究，在20世纪八九十年代组织开展了若干大型综合研究项目，构建了大气光化学污染监测网络，对大气 O_3 及其前体物的浓度进行长期监测。

表 5.2 欧盟 O₃污染防治历程

年份	臭氧浓度限值	法规法案	策略措施	减排重点	防控成效	科学认知
20世纪70年代			臭氧污染问题开始得到欧洲各国关注			$VOCs$ 和 NO_x 是臭氧的主要前体物
1977年		欧共体环境行动计划				
1979年		发布《远距离越境空气污染公约》	催生 8 项设定减排承诺议定书			
1985年		NO_2 标准指令	制定限值和指导值			
1992年		臭氧空气污染指令	制定臭氧健康、植被、信息阈值	重点控制 $VOCs$ 和 NO_x	20 世纪 50 年代开始，臭氧浓度显著上升；2000 年左右上升趋势趋于缓解；2015 年欧盟 28 个成员国 NO_x 和 NMVOCs 浓度与 1990 年相比分别下降 56% 和 51%	
1996年		制定《环境空气质量评估和管理指令》（AQFD）	设定适于整个欧盟最低清洁空气质量标准（13 种污染物空气质量标准）			
1999年		AQFD 第一子指令	制定 SO_2、NO_2、PM_{10}、Pb 的标准			
2002年		AQFD 第三子指令	制定 O_3 标准			建立高密度和高强度的地面臭氧监测网络
2008年	日最大 8h 滑动平均值，120μg/m³；1 小时平均值，通报限值 180μg/m³；警报限值 240μg/m³	AQFD 第五子指令，发布《欧洲环境空气质量标准及清洁空气指令》	整合 1~4 指令，增加 $PM_{2.5}$ 标准			
2012年		进一步修订《哥德堡协议》	为 SO_2、NO_x、$VOCs$、NH_3 和 $PM_{2.5}$ 设定了 2020 年排放控制目标	$VOCs$ 和 NO_x 协同控制		多种污染物相互作用、多种过程相互耦合、多种污染问题相互关联
2013年		发布《欧洲清洁空气计划》	更新 2020 年和 2030 年空气政策目标			
2016年		发布国家排放上限指令	设定年主要五种污染物限值			

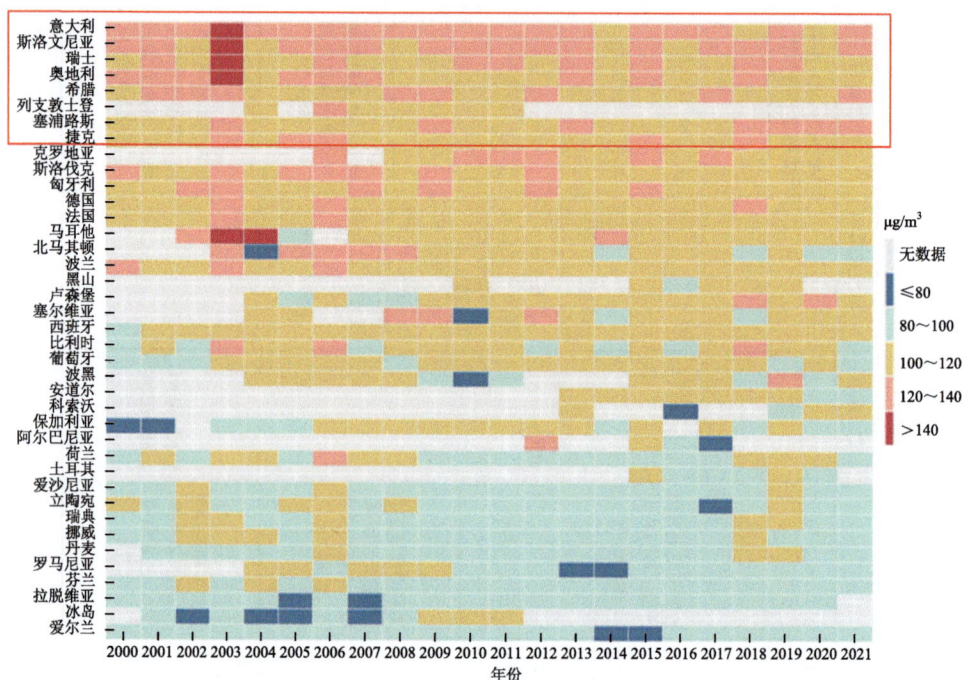

图 5.2　欧洲各国或地区臭氧站点年评价值均值（来源：欧洲环境署）

从发达国家和地区的 O_3 污染防治历程和经验可以看出，开展科学研究、确定控制策略、建立法规标准、实施联防联控、持续推进前体物减排、建立健全 O_3 污染科学防控体系，是实现大气 O_3 浓度稳步下降的基础。

第二节　我国臭氧污染防治对策和行动

1. $PM_{2.5}$ 和 O_3 污染协同控制策略

近年来我国大气环境质量快速改善。但在不利气象条件下，大气污染仍时有发生。冬季 $PM_{2.5}$ 污染依然严峻，春夏秋 O_3 污染问题日显突出，在大气氧化性驱动下，大气二次污染的特征显著。"十四五"期间，国家着力推进 $PM_{2.5}$ 和 O_3 的协同控制，强化多污染物的协同治理，重点开展 VOCs 和 NO_x 的协同减排。在污染防控目标上，《中华人民共和国国民经济和社会发展第十四个五年规划和2035 年远景目标纲要》提出"加强城市大气质量达标管理，推进细颗粒物（$PM_{2.5}$）和臭氧（O_3）协同控制，地级及以上城市 $PM_{2.5}$ 浓度下降 10%，有效遏制 O_3 浓度增长趋势，基本消除重污染天气"的总目标。在中共中央、国务院《关于深入打好污染防治攻坚战的意见》中，也明确要求"实现细颗粒物和臭氧协同控制"。

在具体举措上，《深入打好重污染天气消除、臭氧污染防治和柴油货车污染治理攻坚战行动方案》提出"到 2025 年，全国重度及以上污染天气基本消除；$PM_{2.5}$ 和臭氧协同控制取得积极成效，臭氧浓度增长趋势得到有效遏制"。方案坚持突出重点、分区施策，以京津冀及周边地区、长三角、汾渭平原为 $PM_{2.5}$ 和 O_3 污染协同防控的重点地区，珠三角、成渝地区、长江中游城市群及其他 O_3 超标城市在国家指导下开展 O_3 污染防治。坚持协同减排、源头防控，聚焦 O_3 的主要前体物，加快推进含 VOCs 原辅材料源头替代，实施清洁能源替代，强化石化、化工、工业涂装、包装印刷等重点行业及油品储运销 VOCs 深度治理，加大锅炉、炉窑、移动源 NO_x 减排力度。在控制目标上，以优良天数比率这一约束性指标推动 $PM_{2.5}$ 和 O_3 的协同控制（图 5.3）。

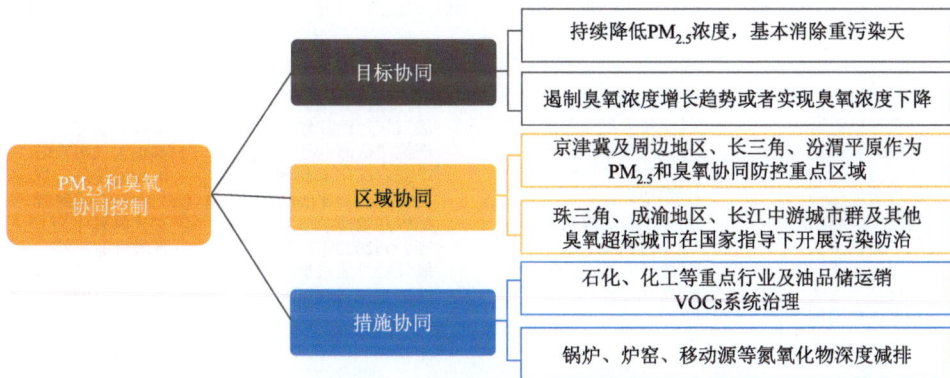

图 5.3　$PM_{2.5}$ 和 O_3 污染协同控制策略

2. 工业 NO_x 治理：重点行业超低排放改造，工业炉窑深度治理

随着我国燃煤电厂超低排放标准的全面实施，工业 NO_x 排放控制的主战场已转向非电工业炉窑。2019 年，生态环境部联合其他部委发布了《关于推进实施钢铁行业超低排放的意见》，规定烧结机机头/球团焙烧和其他工艺过程烟气 NO_x 的排放限值分别不高于 $50mg/m^3$ 和 $200mg/m^3$。2022 年，全国约 2 亿吨粗钢产能完成了全流程超低排放改造，4.8 亿吨粗钢产能完成了重点工程改造，约占总产能的 2/3。同时，逐步推进水泥和焦化等行业的超低排放改造。全国燃煤锅炉由

2013 年的 46 万台减少到不足 10 万台，重点区域基本完成了 35 蒸吨以下燃煤锅炉的淘汰，其他区域县级以上建成区基本完成了 10 蒸吨以下燃煤锅炉的淘汰。

工业炉窑方面，重点区域通过实施工业炉窑清洁能源替代，大力推进电代煤和气代煤，实现燃煤热风炉、烘干炉、3 米以下燃料型煤气发生炉基本淘汰，完成建材、有色、冶金、铸造等行业燃煤炉窑清洁能源替代。通过开展工业炉窑大气污染治理情况排查，对不能稳定达标排放的企业督促整改，推进铸造、玻璃、石灰、矿棉等行业实施深度治理；生态环境部发布了《玻璃工业大气污染物排放标准》《矿物棉工业大气污染物排放标准》《石灰、电石工业大气污染物排放标准》等系列标准，明确了玻璃熔窑、石灰窑 NO_x 排放限值，依据标准实施提标改造。

2022 年，生态环境部联合多部委发布了《减污降碳协同增效实施方案》，提出了推进大气污染和温室气体协同控制、优化治理技术路线，加大 NO_x、VOCs 及温室气体协同减排力度，推动钢铁、水泥、焦化行业及锅炉超低排放改造，探索开展大气污染物与温室气体排放协同控制改造提升的工程试点（图 5.4）。

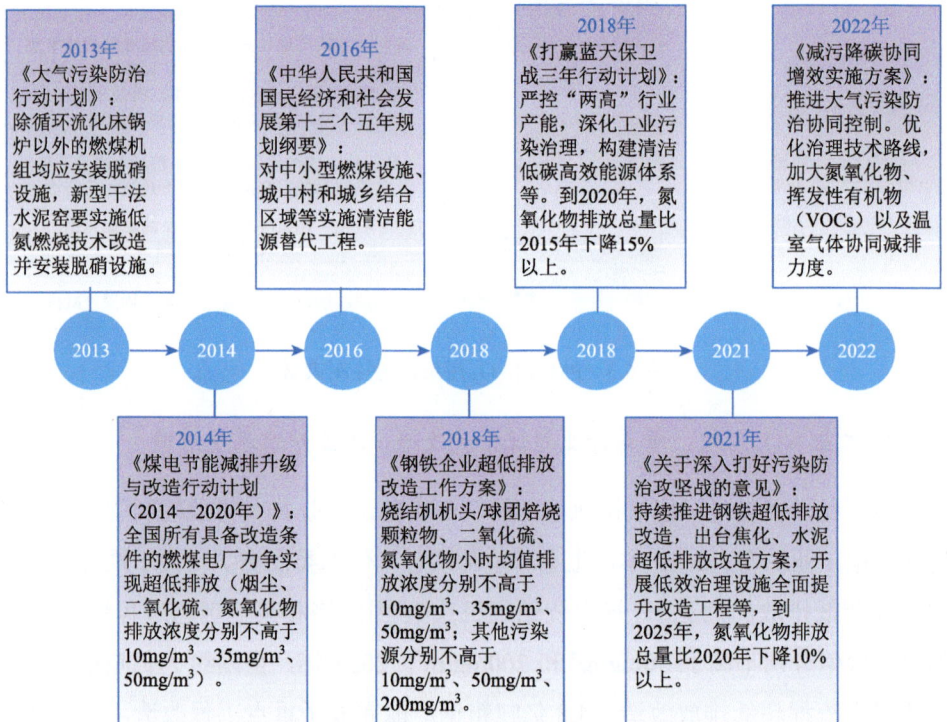

图 5.4　我国工业 NO_x 防治相关法规、规章和政策

3. 工业 VOCs 治理：强化有组织末端治理、无组织排放管控，但源头替代力度不足

《关于推进大气污染联防联控工作改善区域空气质量的指导意见》中，首次在国家层面上正式提出开展 VOCs 防治工作。"十二五"期间，国家相继印发了《大气污染防治行动计划》和《挥发性有机物（VOCs）污染防治技术政策》等系列政策性文件，要求提升 VOCs 监测能力，对 VOCs 污染防治策略和技术方面提出指导性意见，并启动了石化、有机化工、表面涂装、包装印刷等重点行业 VOCs 综合整治。2015 年 8 月新修订的《中华人民共和国大气污染防治法》首次在法律层面上将 VOCs 与 NO_x 等污染物一同列为重点控制对象，明确了违法责任。

"十三五"期间，通过制定和发布《"十三五"挥发性有机物污染防治工作方案》《重点行业挥发性有机物综合治理方案》《2020 年挥发性有机物治理攻坚方案》等系列政策性文件，要求全面加强 VOCs 污染防治工作，提出通过源头替代、落实标准、升级治污设施、强化油品储运销监管，特别是强化物料（含废渣）运输、装卸、储存、转移和工艺过程等无组织排放管控等措施降低工业 VOCs 排放量。

2021 年 11 月印发的《关于深入打好污染防治攻坚战的意见》，提出安全高效推进重点行业领域 VOCs 的综合治理，要求实施原辅材料和产品源头替代工程；完善 VOCs 产品标准体系并建立低 VOCs 含量产品标识制度；完善 VOCs 监测技术和排放量计算方法，研究适时将 VOCs 纳入环境保护税征收范围。2022 年发布的《减污降碳协同增效实施方案》要求推进大气污染物与温室气体协同控制，优化治理技术路线，加大 NO_x、VOCs 及温室气体协同减排力度（图 5.5）。

不断完善重点行业 VOCs 排放标准体系建设，对不同行业、不同工艺过程、不同 VOCs 物种制定了排放标准，构建了较为完备的 VOCs 污染源重点行业排放标准体系。为加强对 VOCs 无组织排放管控，生态环境部于 2019 年颁布了《挥发性有机物无组织排放控制标准（GB 37822—2019）》，明确了"5 + 2"的环境管理框架，兼顾行为管控与综合控制效果评价。为加强 VOCs 物料的源头控制，发布了《胶粘剂挥发性有机化合物限量（GB 33372—2020）》《油墨中可挥发性有机化合物（VOCs）含量的限值（GB 38507—2020）》《清洗剂挥发性有机化合物含量

限值（GB 38508—2020）》等系列标准。总体而言，目前工业源 VOCs 治理在强化有组织末端治理、无组织排放管控等方面正在整体推进，但低 VOCs 原辅材料推广使用的进展还较为缓慢。

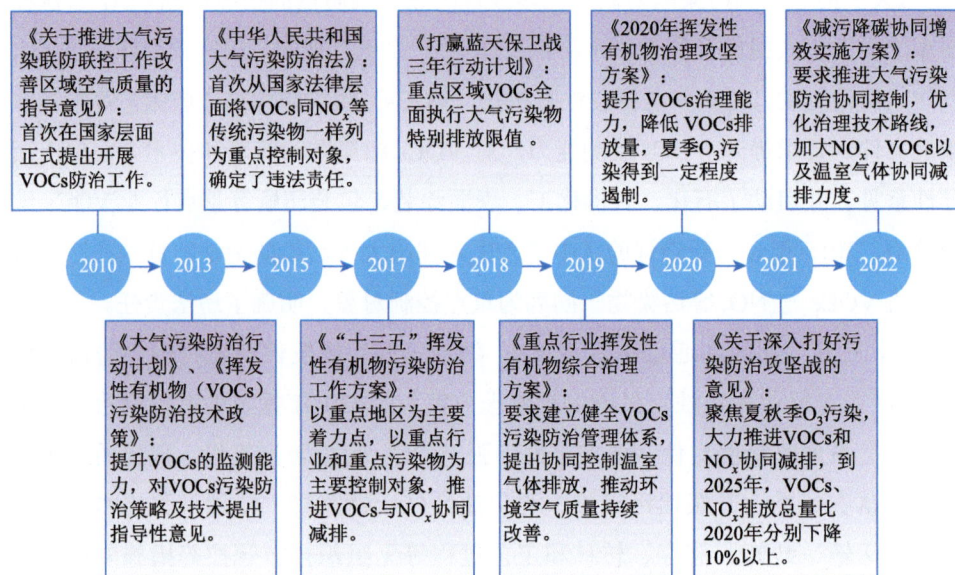

图 5.5　我国工业 VOCs 防治相关法规、规章和政策

4. 移动源治理：机动车排放标准国际领先，非道路移动源标准逐步建立，但交通结构优化和柴油车排放监管亟待加强

● **构建中国特色的机动车排放标准体系**

汽车排放标准实现从跟跑到并跑。2000 年以来，我国汽车排放标准经历了从第一阶段到第六阶段的发展过程，当前实施的国六阶段汽车污染物排放标准与欧美已基本处于同一水平，实现了从跟跑到并跑的转变。国六阶段排放标准更多考虑了我国的空气质量改善和监管要求，除了排放限值大幅度加严外，也补充了新的排放控制要求，部分技术指标已领先欧美。

摩托车排放控制水平稳步提升。近 20 年来，我国摩托车排放标准从国一逐步提升到国四，其中针对 CO、HC、NO_x 的排放限值分别下降了 91%、87%、77%。摩托车排放标准的实施和不断提升，极大促进了我国摩托车行业排放控制技术的进步。

● **非道路移动源排放标准体系逐步建立**

非道路柴油机械排放控制水平持续提升。2007 年至今，我国非道路移动机械的排放标准从国一提升到国四，推进了选择性催化还原、柴油颗粒捕集等技术在非道路移动机械领域的应用，使氮氧化物和颗粒物排放得到有效的控制。

非道路汽油机械排放控制从无到有。2010 年，我国发布了《非道路移动机械用小型点燃式发动机排气污染物排放限值与测量方法（中国第一、二阶段）》，污染物控制项目包括碳氢化合物和氮氧化物等，补齐了我国在该类机械领域污染物排放标准的短板。

船舶排放标准逐步建立。2016 年，我国发布了《船舶发动机排气污染物排放限值及测量方法（中国第一、二阶段）》，适用于具有中国籍船在中国水域航行或作业的船舶装用的额定净功率大于 37 千瓦、新生产船用发动机的环境管理。自2022 年 7 月 1 日起，实施第二阶段排放标准。

其他非道路移动源排放标准逐渐完善。2002 年，我国发布《涡轮发动机飞机燃油排泄和排气排出物规定》，有效降低了飞机源排放强度。铁路内燃机车、大型汽油移动机械的排放标准正在制订当中。

● **持续推进交通运输结构调整，开展移动源排放监管**

2018 年 6 月，《打赢蓝天保卫战三年行动计划》的发布实施，首次打响了柴油货车污染治理攻坚战。2021 年 11 月，中共中央、国务院《关于深入打好污染防治攻坚战的意见》提出了持续打好柴油货车污染治理攻坚战的要求。2022 年11 月，生态环境部等 15 部门联合印发了《柴油货车污染治理攻坚行动方案》，其中明确了以下行动的具体要求：①"公转铁""公转水"行动，持续提升铁路货运能力，加快铁路专用线建设，提高铁路和水路货运量；②柴油货车清洁化行动，推动传统汽车清洁化和全面达标排放，加快推动汽车新能源化发展；③非道路移动源综合治理行动，推进非道路移动机械清洁发展，实施非道路移动柴油机械第四阶段排放标准，强化排放监管，推动港口船舶绿色发展；④重点用车企业强化监管行动，推进重点行业企业清洁运输，强化重点工矿企业移动源应急管控；⑤柴油货车联合执法行动。总体而言，目前我国交通运输结构的优化和柴油货车、非道路柴油机排放监管的力度仍有待加强。

5. 2020～2022 年夏季 O_3 污染防治监督帮扶行动：提升监管能力，强化措施落实

2020 年夏季，为完成"十三五"空气质量改善约束性指标，打赢蓝天保卫战，我国首次将 O_3 污染防治纳入重点区域空气质量改善监督帮扶工作序列。以 VOCs 管控为重点，对京津冀及周边地区、长三角、汾渭平原、长江中游以及珠三角等区域，围绕石化、化工、工业涂装、包装印刷和油品储运销等 VOCs 重点行业（领域），聚焦工业园区、产业集群和 VOCs 排放量大的重点企业，开展 VOCs 专项执法行动。

2021 年夏季，监督帮扶行动建立"两支队伍、协同配合、一体化作战"机制，有效实现"人员减少、频次降低、时间缩短、效能提升"的工作目标。创新建立"专业组+常规组"两支队伍，对京津冀及周边地区、长三角北部、汾渭平原等重点区域开展监督帮扶，打好专项监督和常态帮扶的"组合拳"。在同步推进 VOCs 重点行业（领域）减排的基础上，兼顾钢铁、水泥、平板玻璃等 NO_x 高排放行业。

2022 年夏季，探索形成基于"线上+线下"两个战场的在线远程监督帮扶工作新体系。利用信息化手段精准识别、推送问题线索，指导地方围绕问题线索开展现场排查。通过连续三年的监督帮扶工作，形成了行之有效的监督帮扶新模式，大幅度提升执法监管效能，切实助力地方污染防治和环境管理能力提档升级，为深入推进 $PM_{2.5}$ 和 O_3 污染协同防控提供有力支撑（表 5.3）。

表 5.3　2020～2022 年夏季 O_3 污染防治监督帮扶工作情况

年份	目标	关注区域	关注行业/领域	工作模式	工作成效
2020	VOCs 减排	京津冀及周边地区、长三角、汾渭平原、长江中游地区、珠三角	石化、化工、工业涂装、包装印刷和油品储运销等 VOCs 高排放行业	常规组现场检查	检查企业 11.7 万家，发现问题企业 3.3 万家、问题 10.5 万个
2021	VOCs 减排为重点，兼顾 NO_x	京津冀及周边地区、长三角北部、汾渭平原	石化、化工、工业涂装、包装印刷、油品储运销等 VOCs 高排放行业，兼顾钢铁、水泥、平板玻璃等 NO_x 高排放行业	专业组+常规组现场检查	检查企业 7000 余家，发现环境问题 1 万个；突出环境问题发现率同比增长 4 倍
2022	VOCs 和 NO_x 协同减排	京津冀及周边地区、长三角、汾渭平原、长江中游地区、珠三角、成渝地区	石化、化工、工业涂装、包装印刷、油品储运销等 VOCs 高排放行业，以及钢铁、水泥、平板玻璃等 NO_x 高排放行业	线上+线下	检查企业 1.1 万家，发现环境问题 2.5 万个

第三节　重点区域实践与成效

20 世纪 80～90 年代，我国先后在珠三角、长三角、京津冀等区域开展有关 O_3 污染特征、形成机理、区域防控等方面的持续性研究。进入 21 世纪，我国大气复合污染特征凸显，典型区域的 O_3 污染联防联控也广受关注。重点区域实践表明，推行区域视野下的城市行动是降低 O_3 污染的基础（图 5.6）。

2020～2022 年，我国重点区域的夏季 O_3 污染防治坚持推行区域视野下的城市行动。在区域层面，我国重点区域在 2020～2022 年持续开展了 O_3 污染防治效果的综合评估，运用综合立体观测数据分析 O_3 污染成因和来源，基于大数据分析等技术定量评估前体物排放和气象条件变化对 O_3 污染的影响，提出了 O_3 污染防治策略和前体物减排路径。在城市层面，持续开展 $PM_{2.5}$ 和 O_3 污染协同防控"一市一策"跟踪研究，专家团队深入城市一线分析 O_3 污染成因，现场调研典型行业排放治理状况，提出主要前体物管控对策、O_3 污染防治解决方案，跟踪评估治理措施成效。

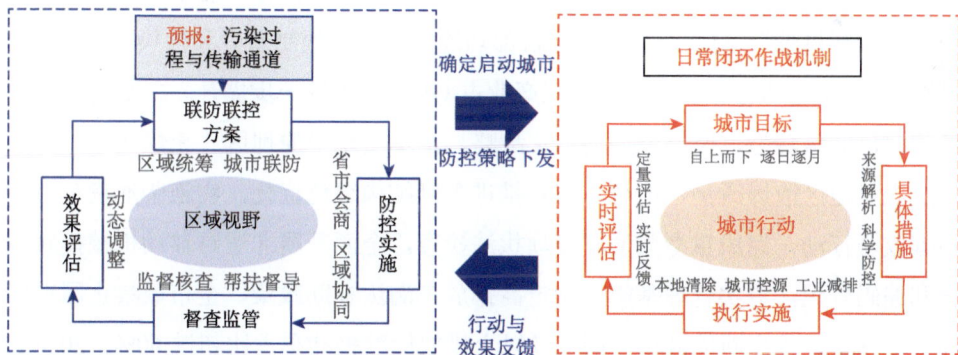

图 5.6　区域统筹—城市行动的大气污染防控工作机制

1. 京津冀及周边地区：以监督帮扶和重点行业技术升级为抓手，推动 VOCs 和 NO_x 同步下降

● **区域防治策略**

2020～2022 年夏季，按照 $PM_{2.5}$ 和 O_3 协同防控总体要求，京津冀及周边地区持续开展 VOCs 和 NO$_x$ 协同减排。2020 年夏季，紧盯 VOCs 污染治理，明确 VOCs 治理重点区域、领域和对象，对 VOCs 源头、过程、末端全流程控制提出具体要求；开展监督帮扶，指导地方减少 VOCs 排放。2021 年夏季，在强化 VOCs 治理的同时减排 NO$_x$，围绕钢铁、焦化、石化化工、水泥、平板玻璃、工业涂装、油品储运销等重点行业（领域）开展监督帮扶。2022 年夏季，持续跟踪区域空气质量形势演变，深化各项治理工程。运用现代科技手段，形成"线上＋现场"监督帮扶两套机制，两个战场协同配合，合力推动 VOCs 和 NO$_x$ 治理措施落地见效。

此外，重点行业通过技术升级助力京津冀及周边地区污染物协同减排。工业、涂装等涉 VOCs 企业（不含石化）推进汽修喷烤漆房污染治理升级，加装活性炭改造、漆房排气筒高度达标改造、打磨车间密闭改造等。在石化行业治理方面，新建燃气锅炉替代拆除燃煤锅炉，开展石化行业加强储罐泄漏检测修复。在移动源治理方面，淘汰老旧车辆，全市推广新能源车，扩大非道路机械低排区范围，加快新能源非道路移动机械的推广使用等。

● **北京城市行动**

北京市持续打好蓝天保卫战，深入推进污染防治从末端治理向结构减排的方向转变。具体做法，一是实行产业结构绿色转型，通过修订"北京市新增产业的禁止和限制目录"，淘汰退出不符合首都功能定位的一般制造业和污染企业，完成"散乱污"企业动态分类处置，第三产业占 GDP 比重进一步提升。二是实行能源结构绿色低碳转型，坚持能源清洁化战略，基本实现平原地区"无煤化"，有序推进农村地区散煤改清洁能源。三是推进车辆结构绿色优化，实施柴油货车污染治理攻坚行动，完成重型柴油车专项执法检查，全面开展非道路移动机械摸底调查和编码登记，夯实管理基础；制定高排放车淘汰补助政策，全市域禁止国三柴油货车行驶，推广新能源车，国五及以上排放标准机动车占比超过 60%。2018～2020 年，北京市锅炉等综合整治、重点行业企业搬迁、民用燃料清洁化、交通结构调整、扬尘源综合整治、挥发性有机物治理等六大措施扎实落实，污染减排效果显著。其中，NO$_x$ 减排得益于重型柴油车治理等措施；VOCs 减排主要来自于挥发性有机物治理和交通结构调整。2021 年，北京市继续围绕 O$_3$ 污染管控进一步采取了重点企业治理、淘汰落后车辆、错峰装卸油、加油及石化企业重点管控等措施。

● **治理成效评估**

2020 年以来，O₃ 前体物排放持续下降。 2020 年夏季，监督帮扶、技术升级改造等措施叠加生产活动同比变化，VOCs 和 NOₓ 累计减排分别约为 12% 和 6%。2021 年夏季，各项治理措施使得 VOCs 排放下降 5%，但生产活动增加抵消了大部分减排量；治理措施叠加生产活动变化，NOₓ 排放的减排比例约为 6%。2022 年夏季，疫情防控导致区域内生产活动水平降低，VOCs 和 NOₓ 排放分别下降约 7% 和 16%。

典型城市 VOCs 浓度持续降低，NO₂ 降幅明显。 2019 年以来，北京、天津、石家庄、雄安新区、济南、郑州等地持续开展 VOCs 组分监测。2022 年 4~9 月，上述城市 PAMS 物质平均浓度为 14.0ppb，较 2019 年下降 21%；NO₂ 平均浓度为 22μg/m³，较 2019 年下降 34%，降幅明显（图 5.7）。

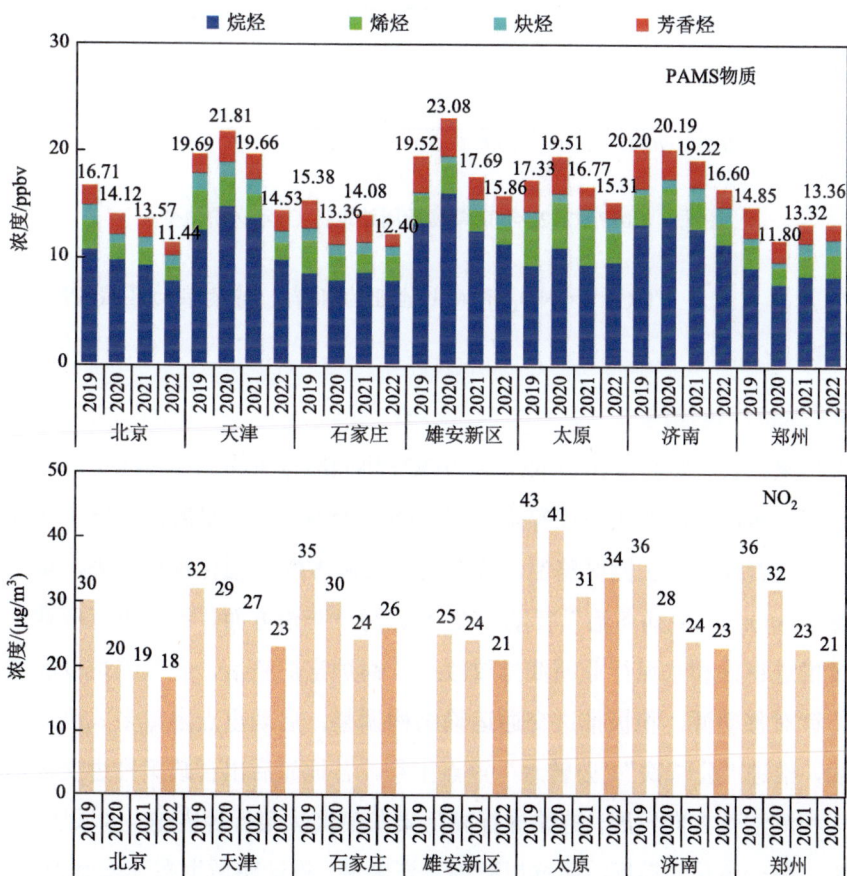

图 5.7　2019~2022 年 4~9 月典型城市或地区 PAMS 物质和 NO₂ 浓度变化

VOCs 和 NOx 协同减排，对缓解区域 O3 污染起到积极作用。2020～2022 年，区域 O3 年评价值（O3-8h 浓度第 90 百分位数）依次为 171μg/m³、163μg/m³、173μg/m³。从 2017 年以来情况看，区域 O3 浓度除 2019 年较其他年份偏高、2021 年偏低以外，总体在 170～175μg/m³ 范围内波动（图 5.8）。持续开展 VOCs 和 NOx 协同减排，在 O3 污染突出季节开展强化管控，对缓解区域 O3 污染可起到积极的作用。评估结果表明，2020 年以来前体物持续减排对区域 O3 污染突出时段的峰值浓度降幅贡献约五成左右。

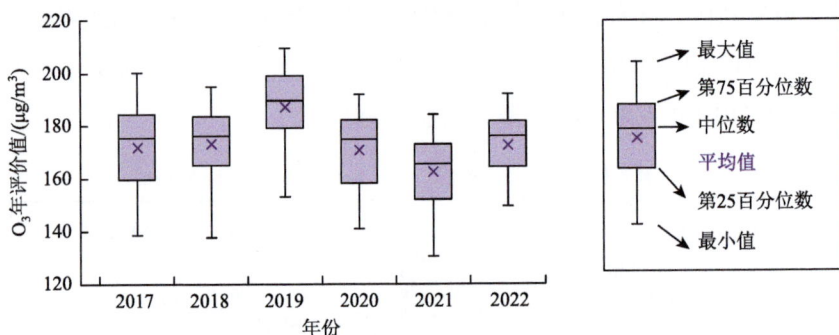

图 5.8　2017～2022 年京津冀及周边地区 O3 年评价值变化

2. 长三角：以 VOCs 和 NOx 精细化治理为抓手，持续推动区域 PM2.5 和 O3 协同防控

● **区域防治策略**

近年来，长三角持续推进 NOx 和 VOCs 协同减排工作。在 VOCs 污染防治方面，长三角全面推进源头替代等全过程 VOCs 治理、沿江沿海沿湾化工企业整治搬迁、重点行业和化工园区整治，除在夏季实施 VOCs 强化管控以外，多个城市还实施了 VOCs "夏病冬治"行动。在 NOx 污染防治方面，针对重点行业，长三角持续推进钢铁和水泥行业超低排放改造、锅炉窑炉整治、燃气锅炉低氮燃烧改造等；针对移动源，积极推进交通运输结构调整，启动重点港口多式联用和铁路专用线，推进"公转铁""公转水"重点工程，各地先后出台政策推进交通运输向电动化和清洁化方向发展，持续推行高污染车辆淘汰限行等措施。区域协作方面，聚焦长三角一体化示范区、环杭州湾等重点区域，推动跨域生态环境监管一体化，初步构建了杭州湾臭氧跨区域输送联合监测网络。组织开展环杭州湾产业园区企

业排查和联合整治工作，2021～2022 年期间完成治理任务 300 余项。同时，分阶段推进环杭州湾地区石化化工挥发性有机物防治标准、监测、执法"三统一"工作。2021 年，长三角地区发布了《制药工业大气污染物排放标准》，规定了制药行业工艺废气和发酵尾气非甲烷总烃排放限值（60mg/m³），为区域污染源环境管理建立了统一的标尺。

● 上海城市行动

2018 年以来，上海市深入开展 $PM_{2.5}$ 和 O_3 协同防控行动，不断深化 NO_x 和 VOCs 协同减排措施。

上海市 NO_x 排放主要来自移动源，其排放量约占排放总量的 80%，固定源的贡献主要来自大型企业；而 VOCs 的排放则主要来自工业源，排放贡献约占 60%～80%。由于上海市地处中国东部沿海，且与排放体量较大的江苏、浙江相邻，因此大气污染具有鲜明的区域输送和海陆输送的特征。针对 O_3 污染的地域特点和污染形成机制，上海结合城市特点从工业减排、车船调整和海陆污染特征等方面入手，开展污染治理工作。具体做法：一是持续深入开展工业园区 VOCs 减排工作，并于 2020 年启动了"VOC 2.0"治理工作，建立并不断完善源头减量、过程控制、末端治理等全流程精细化管控机制，同时在全市 2300 余家企业全面开展综合治理，2022 年全市 VOCs 排放总量较 2020 年下降约 14%。二是针对 NO_x 排放受港口车船影响的特点，优化调整交通结构，加强移动源综合治理，近 5 年来 NO_x 排放量下降 16%。在具体措施上，大力推进国三柴油车的淘汰更新，2019～2022 年期间全市共提前报废共计 8 万余辆；继续加强在用机动车环保监管，推进新能源机动车发展；持续深入港口船舶和非道路移动机械污染防治，率先在重型柴油车安装远程在线监测设备并联网监测，实施非道路移动机械申报登记制度，构建移动源智慧化大数据监管体系，实现了机动车精准、闭环和动态化的管理；同时，推进货运结构调整，提升水水中转和海铁联运比例，推动调整场站布局。三是针对杭州湾区域臭氧污染问题，以金山区为试点，牵头成立"金嘉平生态文明实践联盟"，联合开展夏季 O_3 污染防治攻坚行动。

● 治理成效评估

长三角持续推进 NO_x 和 VOCs 协同治理，区域 O_3 前体物排放上升的趋势逐步得到遏制。2020 年以来，区域 NO_2 平均浓度显著下降，年均降幅约 9.0%。多个城市的环境监测数据显示，区域 VOCs 环境浓度也开始缓慢下降。有研究利用箱模式和三维空气质量模型，对 2013～2020 年上海市 O_3 污染进行分析，结果表明，通过 VOCs 和 NO_x 协同减排，较好地控制了 O_3 污染生成，2019 年夏季出现 NO_x 削减负效应转折点。2020 年以来，长三角地区前体物排放量的大幅度削减部分抵消了不利气象条件带来的不利影响，同时也对区域 O_3 污染防控起到了积极的作用（图 5.9，图 5.10）。但目前长三角地区 NO_x 和 VOCs 整体减排幅度距离区域 O_3 污染根本改善仍有较大差距，下一步需要通过上海及周边城市的排放精细化治理，带动区域协同改善。

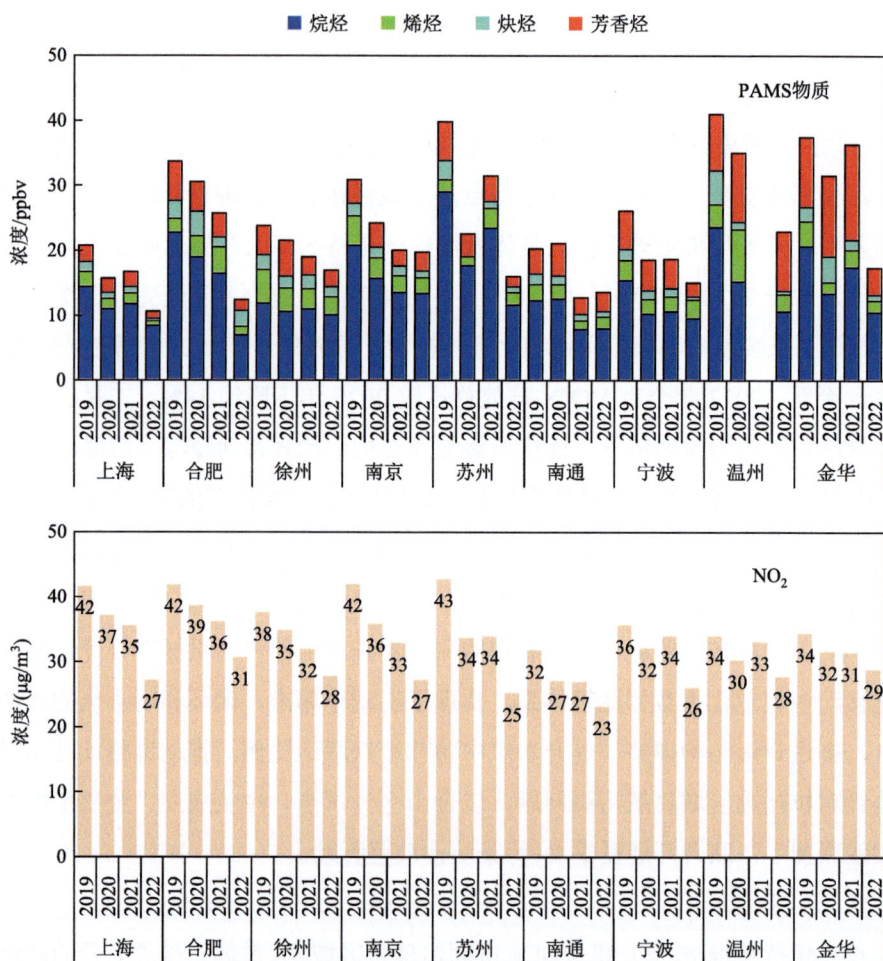

图 5.9 　2019～2022 年长三角典型城市 PAMS 物质（10～11 月）和 NO_2 全年浓度变化

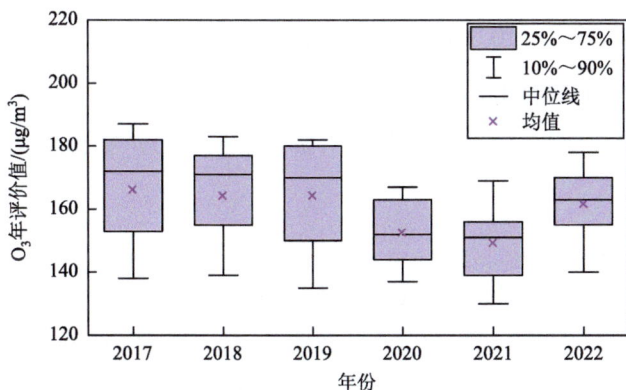

图 5.10   2017～2022 年长三角地区 O_3 年评价值变化

3. 珠三角：建立"精确预报—精深分析—精准施策—精细管理"协同防控技术体系，支撑精准科学治污

● **科技支撑 O_3 污染精准防控**

珠三角是我国开展 O_3 污染防治工作最早的地区之一，为我国重点区域的 O_3 污染治理提供了有益的经验和借鉴。 针对区域 $PM_{2.5}$ 和 O_3 污染协同防治的技术和管理需求，珠三角建立了基于多源数据同化与机器学习的预报优化、基于人工智能（AI）的二次组分数据在线质控、二次污染过程快速成因诊断量化解析、城市差异化管控方案制定与精准溯源等技术和区域联防联控机制，结合同期其他重点区域建立的共性技术，总结和凝练了以短期调控为目的、基于"精确预报—精深分析—精准施策—精细管理"的二次污染过程精细化协同防控技术体系。

该技术体系被用于广东省 O_3 污染防控业务化工作，特别针对 2020 年蓝天保卫战提出了适用于广东省秋季 O_3 污染防控的区域联防联控方案，形成了区域统筹、城市行动，以轻度污染转"良"为重点、以传输通道城市减排为主体的城市差异化管控思路。大气污染防治攻关攻坚中心根据每一次污染传输通道特点，动态调整珠三角和非珠三角地区各个城市前体物减排力度，各个城市按照区域的要求在城市帮扶组的指导下具体落实，对区域 O_3 污染进行联防联控。

除此之外，该技术体系也在城市层面得到应用。例如，基于大气二次污染快速精准溯源技术，深圳市宝安区构建了"面—网格—点"多层次的大气污染快速精准溯源技术系统，实现了对污染物到园区和企业的快速溯源，支撑了宝安区在污染天气应对中的精准治污；基于大数据的机动车近实时表征技术，深圳市环境监测中心站升级了城市高精度空气质量模拟平台，将预报空间精度提升到百米级。

● **区域防治策略**

在 2020～2022 年夏秋季区域 O_3 污染防治行动中，珠三角采用"区域视野—城市行动"的防治策略，逐步建立"行政领导+技术专家"牵头的工作机制，强化区域联防和城市督导帮扶，强化部门协同和政企联动，推进污染治理。

2020 年，广东省生态环境厅陆续印发了《广东省大气污染防治"硬任务"攻关攻坚工作方案》《2020 年大气污染防治调研帮扶工作方案》，建立了"行政领导＋技术专家"牵头的工作机制，进驻城市开展跟踪研究。通过对 VOCs 重点监管企业销号式整治，以及对加油站、储油库、油罐车及敏感区、涉化工园区排放达标行动、移动源达标管理等工作的督导和技术帮扶，提升城市大气污染防治水平。同时健全省直相关部门工作协同机制，成立"散乱污"工业企业（场所）综合整治工作领导小组、制定船舶和港口大气污染防治联席会议制度、形成非法成品油整治联防联控机制等；将 6 大石油销售企业、5 大石化企业纳入政企联动体系，形成攻坚合力。

2021～2022 年，广东省继续完善并形成厅领导指挥、相关处室挂点、技术单位支持的工作机制，聚焦工业园区、产业集聚区、跨界集群等相关重点区域，从涉 VOCs 重点企业治理、工业锅炉炉窑污染管控、移动源污染防治、O_3 污染天气区域联防联控等四方面开展重点时段 O_3 污染防治行动。城市定向帮扶对推动大气污染防控重点工作任务的有效落实起到重要作用。

● **广州城市行动**

近年来，广州市按照"控车、降尘、少油气"的治气思路，持续推进 VOCs 和 NO_x 协同减排。在 VOCs 治理方面，从 2017 年开始，从重点企业"一企一方案"点上的综合整治，拓展到重点行业面上的整体治理，进行 VOCs 重点监管企业销号式整治和重点企业分级管理，开展机动车维修行业、家具行业和印刷行业三个行业整治；推广使用低挥发性有机物含量原辅材料，开展涉挥发性有机物产品监督检查；实施石油化工等重点领域深度治理；加油站和油罐车对照最新的排放标准开展治理。在 NO_x 治理方面，大力推广使用新能源汽车；研究制定国三柴油货车限行政策；建立实施机动车排放检验与维护制度（I/M 制度）；加强柴油车用车大户监管和遥感监测；加强交通拥堵点治理；强化油品监管；加强船舶能源清洁化，实施船舶 LNG 动力改造和 LNG 加注站建设；实现内河港口岸电设施全覆盖。为减少固定源 NO_x 排放，推进煤炭清洁高效利用；提升工业锅炉治理水平，研究制定燃生物质成型燃料锅炉、燃气锅炉执行大气污染物特别排放限值；持续推进钢铁、水泥行业超低排放改造；建立并动态更新广州市工业炉窑分级管控清单。

此外，广州市着力加强科技支撑，实施科学与精准管控。每年组织动态更新 $PM_{2.5}$ 解析结果和大气污染源排放清单；利用新建成的 13 个挥发性有机物组分监测站、293 个小型监测站、300 辆出租车移动监测系统以及广州塔垂直监测数据等，为科学治气提供技术支撑；针对重点工业园区、重点企业开展 VOCs 走航监测、无人机巡航等，探索建立污染源地图，为精准治污提供保障。

● 治理成效评估

自夏秋季区域 O_3 污染防治行动实施以来，珠三角空气质量总体上呈现改善态势。2020 年 9~11 月，全省 O_3 年评价值为 $153\mu g/m^3$，较 2019 年同期的 $184\mu g/m^3$ 下降 16.8%；全年 O_3 污染发生频次较 2019 年减少 385 城次，2020 年广东省 AQI 优良率相比近五年平均提高了 2.4 个百分点，四城市（肇庆、东莞、佛山和中山）包揽全国空气质量改善率前四名。

2020~2022 年，珠三角 O_3 前体物排放持续下降。2020~2022 年，珠三角 VOCs 年均浓度分别为 22.2ppb、24.0ppb、16.8ppb，2022 年相比 2020 年下降幅度约为 24.3%（图 5.11）。同样，近年来珠三角 NO_2 浓度继续保持持续下降，2022 年平均浓度达到 $23ug/m^3$，相比 2017~2021 五年平均值下降了 23.8%，相比 2020 年下降了 8.0%（图 5.12）。

2022 年珠三角 O_3 年评价值为 $174\mu g/m^3$，相比 2020 年反弹，仅略低于 2019 年，综合分析结果显示：造成 O_3 浓度反弹的原因，一是不利的气象条件导致前体物和 O_3 扩散条件变差，污染物累积所致；二是夏秋季受强辐射影响，天然源的 VOCs 排放强度增加，以异戊二烯为代表的天然源排放 VOCs 活性较 2021 年大幅度升高，加剧了 O_3 生成。

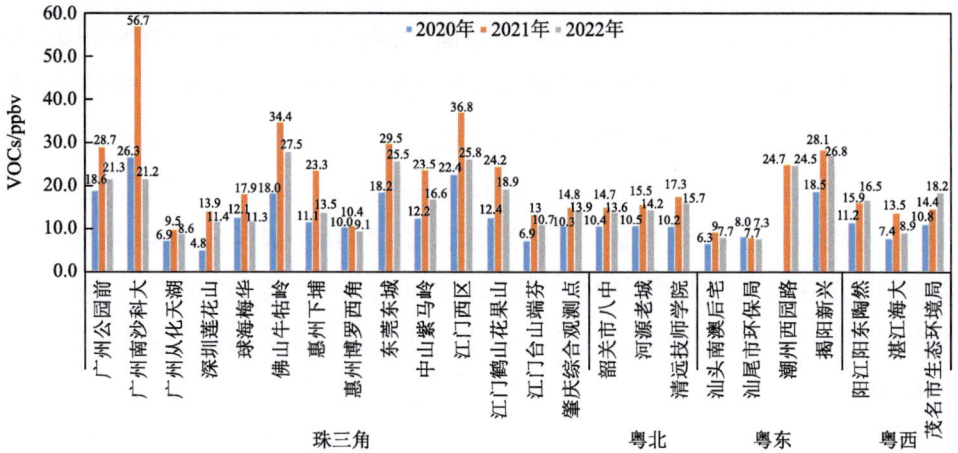

图 5.11　2020～2022 年珠三角 VOCs 浓度变化

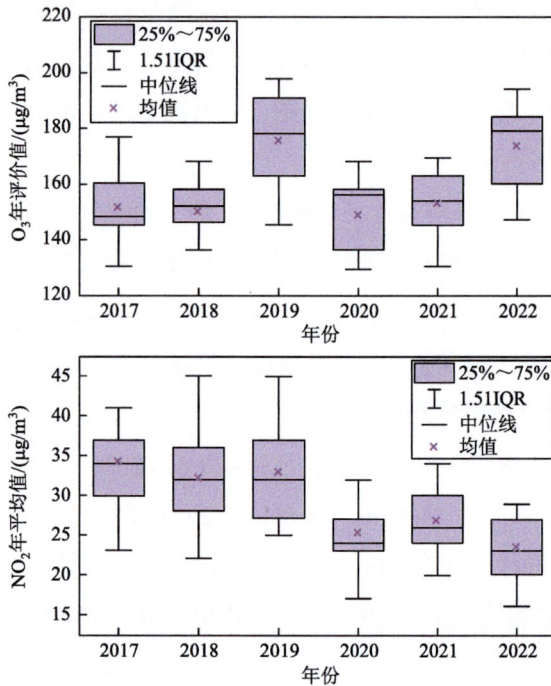

图 5.12　2017～2022 年珠三角 O_3 年评价值和 NO_2 年平均值变化趋势

4. 四川盆地：探索特殊地形气象条件下的 O_3 和 $PM_{2.5}$ 协同防治路径

● **区域防治策略**

2020～2022 年四川盆地聚焦 $PM_{2.5}$ 与 O_3 协同防治，深入推进 NO_x 和 VOCs

协同减排。具体做法，**一是科技先行**。针对四川盆地复杂地理气象条件，依托国家重点研发计划和"一市一策"驻点跟踪研究，开展区域大气复合污染综合观测实验，不断理清盆地静稳高湿条件下 $PM_{2.5}$ 与 O_3 生成机制，科学制定城市和区域多污染物协同减排策略。**二是摸清底数**。四川省通过持续更新不同行业污染源排放清单，系统厘清石化、电子、家具、人造板、包装印刷、工业涂装、制药等重点行业排放特征和污染治理水平，梳理 NO_x 和 VOCs 深度治理和精细化管控的重点方向。**三是精准减排**。每年在全省大气污染防治年度方案和夏季 O_3 专项行动方案中，针对不同行业、不同规模、不同绩效等级的企业制定差异化减排措施；同时通过出台水泥、玻璃、加油站等地方标准，推动重点行业深度治理。**四是科技帮扶**。全省组织省内科研院所针对成都平原、川南、川东北开展分片区帮扶，通过走出去、请进来的形式，对重点行业进行深度诊断帮扶，推动工业企业、移动源、面源进行提标整治。

● **成都城市行动**

成都市坚持以科技支撑为引领，聚焦精细化管理和源头治理，深化"区域视野、城市行动"联防联控机制，探索基于空气质量改善需求的 O_3 与 $PM_{2.5}$ 协同防控路径。

在科技支撑方面，成都市通过建设与完善"天空地"一体化大气科研观测体系（包括 2 个城市超级站、4 个光化学组分站、7 个园区组分站、1 个传输通道站），对 $PM_{2.5}$ 与 O_3 及前体物开展高时空分辨率的科研监测，精准分析大气污染成因与来源，指导精准施策；依托"智慧蓉城"和"智慧大气"平台建设，整合市级各部门多源数据，建立高时空分辨率大气源清单和重污染应急减排清单，并实现动态更新，对成都市工业、机动车和建筑工地等主要排放源污染物排放进行动态表征；构建了基于四川盆地复杂地理气象条件的空气质量数值预报和模拟评估体系，7 天空气质量等级预报准确率超过 90%，在全国率先开展月尺度的中长期形势预测，指导大气污染防治精细化管控，提高精准调度和污染过程应对能力。

在精细化管控方面，成都市持续推进石化、平板玻璃、水泥熟料、垃圾发电和钢铁行业等重点企业深度治理或超低排放改造，挖掘刚性减排潜力；指导 300 家 VOCs 年排放 10 吨以上企业完成"一厂一方案"提升整治，组织 8 个涉 VOCs 重点工业园区开展"一园一策"综合整治，对全市 6000 余家涉气重点行业企业开展绩效评级并制定重污染天气"一厂一策"减排方案；组建专家技术帮扶团队"一对一"帮扶指导，出台 8 个行业中小微企业 VOCs 治理技术手册，帮助企业提升污染治理水平；利用工业电子围栏、电力监控、交通卡口、卫星遥感、走航等技术对重点工业园区、企业集群区域和企业排放情况进行核查和监督。

在结构调整方面， 成都市持续推动交通、产业、能源、空间四大结构调整，从源头降低污染物排放强度。以公共领域车辆新能源化为"小切口"，推动成都市交通运输结构调整。通过部门联动，强化资金、基础设施等要素保障，加快推进公共领域车辆新能源化，截止 2023 年 11 月底，全市新能源保有量已超过 60 万辆，到 2025 年全市新能源汽车保有量力争达到 80 万辆。以家具行业转型升级为"小切口"，推动成都市产业结构调整。通过优化家具产业布局、打造重点家具聚集区转型示范、开展家具行业绿色供应链管理等措施，推动成都市家具产业建圈强链。通过开展成都及周边区域内部传输影响研究，以"通风廊道"为小切口，通过"三线一单"生态环境分区管控，推动空间结构调整。

在联防联控方面， 成都市积极推动与周边城市区域联防联控，通过建立市长联席制、局长联席制，推动成都平原联防联控工作纵深发展，并创新性地建立了成都平原八市每月空气质量轮值会商机制，持续深化秸秆禁烧、机动车检验、联合交叉执法等领域协同治理；探索开展成都、德阳传输通道区域 5 个区（市）县片区联动共治；通过重大活动保障契机，以成都为核心，川渝地区 16 市协同减排，深化多部门联动和全过程闭环管理机制，完成区域大气污染联防联控的典型实践案例。

● **治理成效评估**

四川盆地通过持续推进 NO_x 和 VOCs 协同减排，持续降低 NO_x 和 VOCs 等前体物排放，2019～2022 年区域空气质量持续改善。2022 年全省 15 个重点城市 NO_2 浓度较 2019 年下降 17.2%，O_3 浓度上升的趋势总体得到遏制，其中成都市 NO_2 浓度下降 28.6%，VOCs（PAMS）浓度下降 11%（图 5.13），尤其是春夏季开展的 O_3 污染防治专项行动及制定有针对性的 NO_x 和 VOCs 减排措施，对削减 O_3 峰值浓度、减轻 O_3 污染程度起到了积极的作用。2022 年 7～8 月四川盆地受极端高温、强辐射天气影响，成都市 O_3 污染同比反弹，O_3 超标天数为历年最多。成都市通过启动 O_3 重污染天气预警，加大工业企业、溶剂使用等领域的减排力度，叠加高温限电等具体措施，对 O_3 削峰具有积极作用，7～8 月 O_3 污染以轻度污染为主，O_3 峰值浓度稳定下降。成都市多年 O_3 污染防治实践表明，目前全市 NO_x 和 VOCs 等前体物排放体量大、排放强度高、结构性污染问题仍然突出，空气质量改善成效仍不牢固，在持续挖掘管理减排潜力的同时，须进一步加快四大结构调整步伐，深化多污染物协同治理和区域协同共治，实现 $PM_{2.5}$ 与 O_3 协同治理。

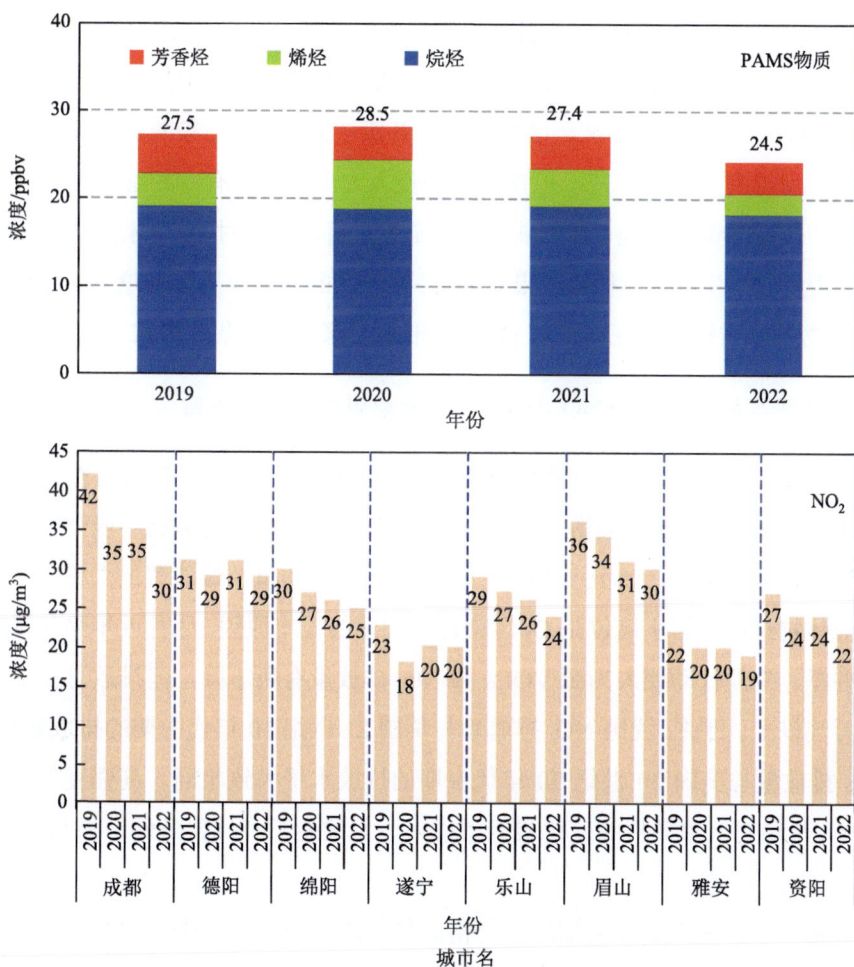

图 5.13　2019～2022 年成都市 VOCs（PAMS）浓度变化趋势和 2019～2022 年成都平原八市 NO_2 浓度变化趋势

第六章 总结与展望

第一节 总 结

2020 年以来，我国 O_3 污染仍处于高位波动态势，特别是 2022 年，受高压系统长期盘踞等不利气象条件影响，出现了持续时间最长、范围最广、强度最强的 O_3 污染事件。三年来，国家、区域、城市各级层面对 O_3 污染防控的复杂性和艰巨性的认识得到了明显提升，重视程度和投入力度前所未有，相继出台了一系列强有力的防控政策和措施，防治效果逐步显现。科研人员对 O_3 污染的成因和形成机制的理解进一步深化，科研成果对 O_3 污染防控的支撑作用显著增强。疫情期间 O_3 前体物排放结构发生变化，对 O_3 污染带来了深刻且复杂的影响。

1. 高强度的 VOCs 和 NO_x 排放是 O_3 污染频发的根本原因

近年来，我国 $PM_{2.5}$ 污染逐步改善，但 O_3 污染持续突出。按现行空气质量标准，2022 年 O_3 为首要污染物的超标天数已超过 $PM_{2.5}$，成为影响环境空气质量达标天数的首要污染物，O_3 污染防治已成为我国空气质量持续改善的关键一环。

前体物排放量居于高位是 O_3 污染过程频发的根本原因。尽管近年来我国通过多措并举、专项行动使人为源 VOCs 和 NO_x 排放量有所下降，但排放总量仍保持在千万吨以上。目前，我国 NO_x 排放量与美国 21 世纪 10 年代中期的排放量相当，VOCs 排放量与美国 20 世纪 90 年代中期的排放水平大致相同。高强度前体物排放使 O_3 污染对气象条件的变化极为敏感，一旦发生不利气象条件，极易诱发 O_3 污染。

过去三年，尤其是疫情期间，严格的封控措施使一次污染物的排放量有所下降，但一些城市的 O_3 污染仍呈现加剧的态势。一方面，O_3 与其前体物之间存在非线性关系，前体物减排不协同可能导致 O_3 浓度上升。另一方面，我国的 O_3 污染对不利气象条件非常敏感，全球气候变化带来的台风、热浪、静稳等极端气象事件频发也是造成部分地区 O_3 浓度上升的重要原因。未来如果不实施更严格的 VOCs 和 NO_x 排放控制，很多城市将无法从根本上改变 O_3 污染高位波动的局面。

2. 基于大气氧化性调控的前体物协同减排是 O_3 污染防治的基本方向

大气氧化性是 O_3 及二次颗粒物生成的核心驱动力，基于大气氧化性调控的前体物协同减排是 O_3 污染防治的基本方向，基于 O_3 敏感性特征的 VOCs 与 NO_x 协同减排可以提高 O_3 污染防控的成效。

目前，我国 O_3 敏感性分布存在明显的区域性差异。城市地区大多为 VOCs 控制区，郊区和乡村则处于过渡区或 NO_x 控制区。我国的 NO_x 排放量自 2012 年达峰后开始显著降低，人为源 VOCs 排放量在 2016 年达峰后有所降低，但目前 VOCs 排放仍处于高位，较低的 VOCs 排放降幅导致部分城市 O_3 敏感性开始发生变化，但全国来看整体变化尚不显著。此外，部分地区 O_3 敏感性还表现出明显的时间差异。通常而言，NO_x 排放量对环境温度的敏感性较弱，但天然源和部分逸散类人为源 VOCs 排放受环境温度影响较大，夏季及午后的排放量明显高于其他时段，从而导致 O_3 敏感性存在一定的季节和昼夜差异。因此，各地需要根据 O_3 敏感性的时空变化特征因时、因地制宜制定 VOCs 与 NO_x 协同减排策略。

O_3 敏感性进入 NO_x 控制区是我国多数地区 O_3 污染长期改善的前提条件。目前我国主要城市群 O_3 污染仍处在 VOCs 控制区，各地在制定 O_3 污染防控策略时应注重"长短结合、标本兼治"，短期内在坚持 VOCs 刚性减排、"应减尽减"的基础上，同时协同减少 NO_x 的排放量，力争早日跨过 EKMA 曲线的脊线，促进 O_3 敏感性向 NO_x 控制区转变。2020 年和 2021 年夏季上海等城市 O_3 污染防控实践表明，开展以活性较高的烯烃和芳香烃为重心的 VOCs 减排，协同降低 NO_x 排放量，可以降低 O_3 的峰值浓度。长期来看，由于天然源 VOCs 排放基数较大，人为源 VOCs 减排潜力将逐渐缩小，需要与"双碳"目标下的四大结构调整相结合，进一步强化 NO_x 深度减排，促进 O_3 污染长期稳定改善。

3. VOCs 治理能力是当前 O_3 污染防治的最大短板

"十四五"规划将 VOCs 列入大气环境质量的约束性指标，VOCs 排放总量控制将持续成为大气污染防治的主攻方向。尽管 VOCs 治理的顶层设计不断完善，但是涉 VOCs 排放源治理问题多且复杂，技术转化和大规模应用等方面进展缓慢，VOCs 治理能力仍是 O_3 污染防治的最大短板。VOCs 排放涉及行业面广、物种繁多、企业生产工艺水平参差不齐等不利因素，各地普遍面临 VOCs 排放底数不清、排放变化态势不明、治理技术路线不清晰、治理效果难维持、经济成本高等困境，致使减排效果大打折扣。此外，现阶段 VOCs 治理仍以末端控制为主，源头替代和过程控制治理力度亟待提升。在管理层面，缺乏以空气质量改善为引导的 VOCs 减排目标、城市和行业分配及考核约束等技术手段和监管手段，构建更加科学有效的 VOCs 总量控制支撑技术体系迫在眉睫。

4. 区域统筹是 O_3 污染防治的战略基础

我国 O_3 污染呈现明显的区域性污染特征，区域内城市间以及跨区域输送贡献显著。在 O_3 轻度污染过程期间，城市间 O_3 峰值浓度的差异主要与前体物排放强度有关，强力降低城市前体物的排放量可以有效削减 O_3 峰值浓度，实现污染"边缘天"由轻度污染向良的转变。然而，对于中度及以上 O_3 污染过程，城市局地减排难以确保 O_3 质量浓度达标，开展区域层面前体物联防联控是 O_3 污染削峰保良的基本手段。我国东部 O_3 污染攻坚行动的实践证明，在短期内前体物排放难以大幅度削减的情况下，区域大范围同步联动减排对削减 O_3 峰值浓度和污染等级下调具有明显效果。

由于我国 O_3 污染常呈现区域性特征，城市层面开展 O_3 污染应急管控的有效性小于 $PM_{2.5}$，且取决于区域层面的协同程度。目前广泛采用的"一市一策"城市差异化减排策略对于 O_3 污染防控是必要的，但要取得实效往往需要在区域上加强统筹，即开展"区域视野下的城市行动"，而非各城市的单打独斗。为了提高区域 O_3 污染防控成效，亟需强化 O_3 污染防治的顶层设计和区域统筹，建立国家—区域—城市三级联动防控机制，以促进区域视野下的城市减排行动，增强城市间 O_3 污染防治的联动效能。

要减少 O_3 的区域性污染，一是需要在国家层面做系统谋划，加强科学引领与指导。强化全国 O_3 污染防治体系的顶层设计，制定 O_3 污染国家中长期防控路径和行动纲领；充分考虑地区差异，因地制宜建立 O_3 污染防治任务分配和科学考核体系。二是建立健全区域 O_3 污染防控机制，强化联防联控形成合力。建立前体物总量分配方法,提升区域内不同城市前体物减排的协同性;修订大气重污染过程应急联动方案,强化对区域性污染的联合应对、对上风向源区的联动减排和对VOCs 组分和行业的精准减排;升级区域污染联防联控机制,强化跨部门联动,实现能源、工业、交通等重点领域重大项目的共商和重要信息的共享。三是城市层面精准施策,确保前体物刚性减排。健全前体物排放源精细化智慧监管和污染溯源体系,提升前体物减排的科学性、减排组分和行业环节的精准性和减排措施的有效性。

5. 科学评价是 O_3 污染防治的重要保障

目前,我国 O_3 污染评价方法主要采用 $PM_{2.5}$ 污染评价的思路。然而, O_3 的污染成因和污染特征与 $PM_{2.5}$ 存在明显差异,基于现行方法难以对 O_3 污染的防治成效做出客观评价,亟需建立一套符合 O_3 污染特征的科学评价体系,以更好地指导 O_3 污染防治工作。

首先, O_3 浓度受气象条件影响显著。在年际尺度上,个别年份气象条件变化对 O_3 浓度的影响可能超过前体物排放变化的影响。然而长期而言, O_3 浓度的改善则取决于对人为污染源污染物排放的控制程度。正因为前者,环境空气中前体物和 O_3 浓度变化趋势不完全一致,有些时候前体物减排成效难以通过 O_3 浓度的实际变化来体现, O_3 污染评价需要考虑气象条件波动的影响。其次, O_3 浓度受区域传输的影响显著。在城市尺度上,前体物的排放地与 O_3 光化学生成的发生地存在明显的时空错位现象,前体物减排的最大受益者可能是下风向城市,而非减排城市本身。因此, O_3 污染评价需要尽可能考虑污染减排和 O_3 改善的时空错位问题。另外,前体物 VOCs 来源广泛、组分复杂、大气光化学反应活性差异大,且监管体系尚不完善,排放测算不确定性大,这些因素使得 VOCs 排放变化与环境浓度变化趋势存在差异,亟需提升 VOCs 排放评估的科学性和准确性。

为此,有必要建立有中国特色的 O_3 污染防治科学评价体系,确保评价结果可以客观反映前体物的减排成效。在评价限值方面,需建立更长时间、更大范围的 O_3 浓度评价标准,注重 O_3 浓度趋势评价,降低单个城市甚至单个站点偶发过程对评价结果的干扰。同时,可考虑将三年滑动平均值作为评价方法,以区域/城市群/空气域(airshed)综合评价代替单一城市,避免城市排名;在评价因子方面,可在充分考虑健康效应基础上,建立以光化学氧化剂(O_x)及其改善和达标为核心的评价方法；在站点布局方面，应注重城区、郊区、农村点位相结合，避免过度集中于城市地区，以更全面体现 O_3 污染空间分布特征。此外，应强化 O_3 污染防控的过程评估和前体物减排对 O_3 污染改善的成效评估，提升评估对前体物减排工作的指导性；构建 VOCs 前体物环境浓度及其排放变化的精细化监管和多视角科学评估体系，降低评估结果的不确定性。

第二节　展　　望

　　欧美发达国家的经验表明，O_3 污染防治是一个长期的过程，通常需要数十年的时间。在这一时间尺度上，全球气候变化对 O_3 污染的影响不可忽视。目前，全球温室气体排放量仍逐年增加，气候变化愈演愈烈，气候变化通过改变气象条件和前体物排放对 O_3 污染产生影响。在气象条件方面，气候变化可以引起地表温度升高，极端天气频发且强度增大，进而引起光化学反应和干沉降分配及效率的变化，最终影响 O_3 的生成和去除（图 6.1）。此外，气候变化可以改变大气边界层高度和天气系统发生频率，从而影响大气污染物的垂直混合和水平扩散。有研究指出，北京、上海、西安、武汉、成都、广州、长春等多个城市的 O_3 浓度长期变化均受到气象条件变化影响，且气象条件变化可能与气候变化密切相关（吴志军等，2022）。在前体物排放方面，气候变化带来的温度上升可以导致异戊二烯、萜烯等天然源和汽油挥发、溶剂挥发等逸散类人为源 VOCs 排放的增加，进而促进 O_3 生成。应当指出，气候变化往往通过多种途径相互耦合的方式影响 O_3 污染，探究气候变化对 O_3 污染的影响，对未来 O_3 污染防控路径制定和气候变化适应都具有重要意义。

　　实现"双碳"目标是我国积极应对全球气候变化的重要举措，能源、产业、交通、空间等四大结构调整是实现"双碳"目标的重要抓手。由于大气污染物和温室气体同根同源，O_3 前体物排放将随着四大结构调整而发生变化。因此，O_3 污染防治的长期战略须与"双碳"目标结合做出系统谋划，将 O_3 污染防治和气候变化应对相结合，环境改善目标与气候减缓目标相结合，构建与气候变化相对应的 O_3 污染防控体系，构建未来气候背景下 O_3 前体物和温室气体协同减排路径，以实现减污降碳协同增效。

对流层臭氧与天气/气候的相互作用

自然排放过程　　　　化学/沉降过程　　　　传输过程　　　　反馈过程

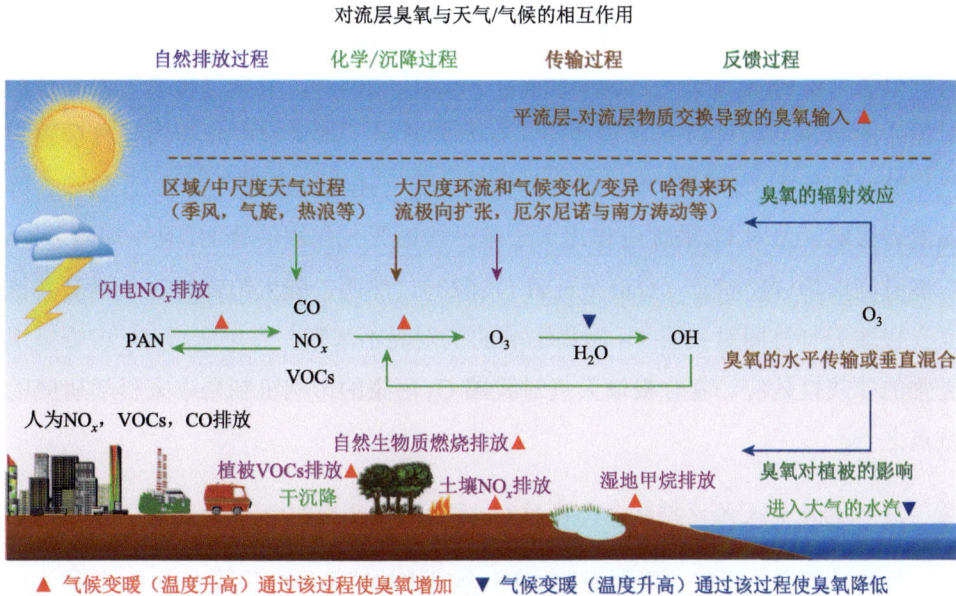

图 6.1　气候变化影响 O_3 浓度的主要过程示意图

1. 全球气候变化将全方位多角度对区域 O_3 污染产生影响

O_3 污染与温度、风和太阳辐射等气象因素密切相关。研究表明，不利气象条件是造成 2019 年夏秋季我国大范围 O_3 污染和 2020 年新冠疫情封控期间部分城市 O_3 浓度不降反升的重要因素之一（Li et al.，2020；Liu Y et al.，2021b；Wang H et al.，2022a）。高温热浪和小风静稳等极端天气极易诱发 O_3 污染事件（Gao et al.，2013；Fiore et al.，2015）。强太阳辐射可以导致天然源 VOCs 排放大幅度增加，使 O_3 浓度超标（Kou et al.，2023）。

全球气候变化可改变气象条件，调控 O_3 及其前体物的排放、传输、化学生成和去除过程能影响 O_3 浓度和分布（Jacob et al.，2009）。在全球变暖的背景下，东亚冬季风减弱、东亚大槽变浅以及近地表大气增暖使中低层大气更加稳定，不利于污染扩散。气候变化除了导致全球平均气温升高外，气温的高阶矩变化也会通过极端高温天数影响 O_3 污染（Zhang J et al.，2022b）。未来需要对复杂天气系统影响 O_3 的机制进行更加深入的解析，相关气候数值模式不仅需要进一步强化对全球平均变暖幅度的预测能力，还需要更加重视对气温高阶矩的模拟效果。

此外，气候变化导致热浪、静稳等极端天气的发生强度、空间范围和持续时间增强（Horton et al.，2014；Zhang J et al.，2018），且多种极端气象条件同时发生的频率和持续时间显著增加。有研究显示，本世纪中叶我国复合极端天气持续时间增幅可能达到单一极端天气的 2 倍（Hauser et al.，2016）。热浪、静稳复合极端天气对 O_3 的促进作用大于单一极端天气作用的叠加，且呈现随着 O_3 浓度升高而增强的特征（Gao Y et al.，2020）。然而，强太阳辐射、干旱等其他复合极端天气协同对我国 O_3 污染影响的机制尚不清晰，且可能对 O_3 污染呈现更强的非线性效应。复合极端天气对我国 O_3 污染的影响机制是未来科学研究的重点之一。

2. 人为源和天然源排放变化将对 O_3 污染产生复杂影响

目前，国内外研究主要利用 CMIP6 全球排放情景推算我国未来 O_3 前体物排放状况。如图 6.2 所示，除 SSP3-7.0 情景外，CMIP6 各共享社会经济路径（SSP）情景下，2020～2060 年我国 NO_x 和 NMVOCs 排放整体均呈下降趋势，但情景间排放估算存在较大差异。此外，SSP 情景对我国污染防控力度考虑不够充分，排放估算与我国污染物实际排放情况不符，从而造成绝对量不准确、排放趋势不一致的现象。例如 SSP 情景预测 2020 年我国 NO_x 排放量大约为 30.6～39.0Tg N/a，但我国 NO_x 实际排放量仅为 19.8Tg N/a；SSP2-4.5 和 SSP3-7.0 情景预测我国 2010～2020 年 NMVOCs 排放显著上升，SSP1-2.6 情景预测明显下降，但十年间我国 NMVOCs 排放呈现先上升后缓慢下降趋势，整体变化不显著。因此，在未来更长时间尺度下直接套用这些情景数据对我国 O_3 长期趋势进行预测，误差将被进一步放大。

近年来，我国学者利用 CMIP6 全球排放情景并充分考虑我国已推行及规划的减排政策估算了中国未来 CO_2 的排放清单（CAEP-CP，Cai et al.，2021）以及人为源排放清单（DPEC，Tong et al.，2020）。相比于各种 SSP 情景，CAEP-CP 和 DPEC 对未来我国 NO_x 和 VOCs 排放趋势的预测更为合理。在碳中和目标的持续驱动下，CAEP-CP 预计 2060 年全国 NO_x 和 VOCs 的总排放量相比 2019 年分别减少 93%和 61%，DPEC 预计 2060 年全国 NO_x 和人为源 NMVOCs 排放相比 2015 年分别下降约 88%和 64%（Cheng et al.，2021；Shi et al.，2021）。

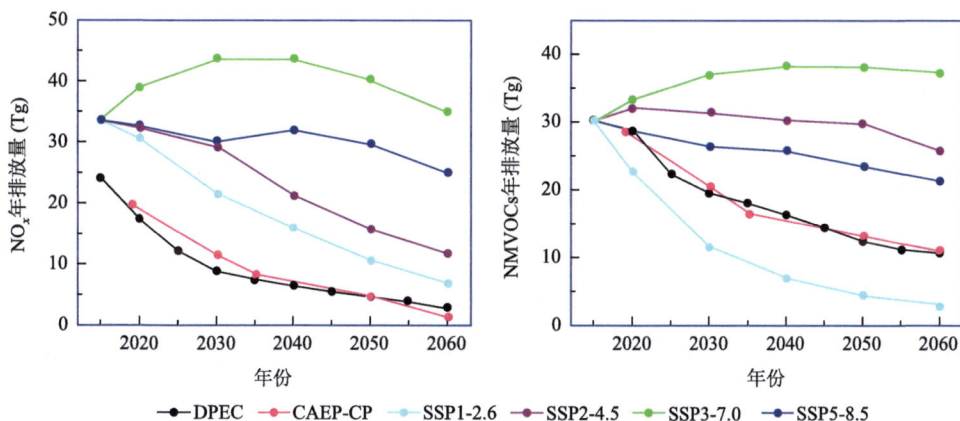

图 6.2　不同未来排放情景下 NO_x 和 NMVOCs 排放量趋势变化

除了人为源以外，天然源也是 VOCs 的重要来源，且天然源 VOCs 具有较高的大气化学活性和 O_3 生成潜势。天然源 VOCs 排放清单的准确性将对 O_3 模拟和预测产生直接影响（Hallquist et al.，2016）。有研究指出将过去广泛忽视的城市绿地天然源 VOCs 排放纳入区域高分辨率清单，可显著降低城市异戊二烯模拟偏差，对 O_3 浓度贡献可达 20%（Gao Y et al.，2022a；Ma M et al.，2022）。此外，天然源 VOCs 排放也可与人为源 VOCs 排放发生协同作用影响 O_3 浓度变化。天然源对 O_3 的作用随人为源排放的减少呈现非线性响应，即随着人为源 VOCs 的减少，天然源 VOCs 对 O_3 的抬升作用显著增加；随着人为源 NO_x 的减少，天然源 VOCs 对 O_3 的作用减弱（Gao Y et al.，2021）。

天然源排放对气候变化带来的气象条件改变高度敏感。1979～2012 年，中国异戊二烯通量呈增加趋势，年变化率为 0.25%，其主要驱动因素是全球变暖和太阳辐射增加（Stavrakou et al.，2014）。1971～1990 年，全球天然源类异戊二烯排放增加了 1.3Tg C，主要原因是全球气温每十年上升约 0.3℃（Naik et al.，2004）。未来随着碳中和进程的逐步推进，森林作为重要的陆地碳汇，其蓄积量将持续增加，BVOCs 排放量将显著提升。因此，需要深入研究 BVOCs 排放提升对我国未来 O_3 变化趋势的调控作用。

3.“双碳”战略目标将为解决我国 O_3 污染问题提供新动能

“双碳”战略目标为统筹大气污染防治与温室气体减排指明了方向，为解决我

国 O_3 污染问题注入了全新动能。在考虑末端控制技术的应用和发展的前提下，CAEP-CP 预测 2030 年我国 NO_x 和 VOCs 排放将比 2019 年分别减少 42%和 28%。2030 年后污染末端治理的减排空间将大幅度收窄，只有实施与"碳中和"目标相适应的深度低碳转型才能确保污染物排放的进一步下降。电力系统深度低碳结构转型、21 世纪中叶民用燃煤全部退出、工业化石能源消费占比大幅度下降等措施将使 2060 年全国 NO_x 和 VOCs 排放比 2019 年分别减少 93%和 61%，全国 O_3 日最大 8 小时第 90 百分位数浓度可望降至 $93\mu g/m^3$，337 个城市 O_3 年评价值有望全面达到我国现行空气质量标准。

由此可见，随着气候变化的不断加剧和我国"碳中和"进程逐步深入，未来我国的 O_3 污染将经历先高位波动后逐步改善的过程。短期来看（未来 5～10 年），末端治理仍是污染物减排的主要手段，NO_x 减排空间将逐步缩窄，排放降幅逐步放缓。随着高效 VOCs 处理技术的日臻成熟，VOCs 排放降幅可能有所提升，但仍不足以从根本上改变 NO_x 和 VOCs 减排不协同的问题，O_3 污染仍将保持高位震荡，实际污染程度主要受气象条件影响，仍处于"气象敏感期"，且高污染事件发生的频率有所上升。但在进一步强化 O_3 污染区域联防联控条件下，O_3 峰值浓度会有所下降。中期来看（未来 10～20 年），随着"碳中和"进程的不断提速，减污降碳的协同增效作用明显增强，污染物减排手段逐步从末端治理向源头替代方向过渡，NO_x 和 VOCs 排放量开始明显下降，且 NO_x 降幅高于 VOCs，我国城市群 O_3 污染敏感性从 VOCs 控制区逐步进入过渡区或 NO_x 控制区，部分地区 O_3 污染开始进入下降通道。然而，O_3 下降幅度仍不足以抵消气象条件变化对 O_3 污染的影响，O_3 污染仍将处于"气象敏感期"，高污染事件时有发生，但频次有所下降，O_3 超标天数会有所减少，强度整体呈减弱趋势。长期来看（未来 20～40 年），我国将逐步接近并实现"碳中和"，四大结构调整基本完成，尤其是能源结构基本实现绿色低碳转型，工业、交通、电力、民用等行业基本完成清洁化源头替代。我国绝大部分地区 O_3 污染进入 NO_x 控制区，O_3 污染程度稳定改善。虽然气候变化会导致极端气象事件频发，但气象条件变化基本不会导致 O_3 污染事件的发生。我国 O_3 污染状况有望随着"碳中和"目标的实现得到明显改观。

参 考 文 献

陈闯, 田文寿, 田红瑛, 等. 2012. 青藏高原东北侧臭氧垂直分布与平流层-对流层物质交换. 高原气象, 31 (2): 295-303.

陈良富, 王雅鹏, 张欣欣, 等. 2019. 面向区域二次污染风险控制的 O_3 及其前体物卫星遥感监测. 环境监控与预警, 11 (05): 13-21.

陈天赐, 潘文斌. 2019. 基于光化学模型的 O_3 生成敏感性研究进展. 环境科学与技术, 42 (11): 201-207.

冯兆忠, 袁相洋, 李品, 等. 2020. 地表臭氧浓度升高对陆地生态系统影响的研究进展. 植物生态学报, 44 (5): 526-542.

高峰. 2018. 臭氧污染和干旱胁迫对杨树幼苗生长的影响机制研究. 中国科学院生态环境研究中心, 北京.

高素莲, 闫学军, 刘光辉, 等. 2020. 济南市夏季 O_3 重污染时段 VOCs 污染特征及来源解析. 生态环境学报, 29 (09): 1839-1846.

贺克斌, 王书肖, 张强. 2015. 城市大气污染物排放清单编制技术手册. 北京, 清华大学. https:www.doc88.com/p-3337324265982.html.

黄志炯, 沙青娥, 朱曼妮, 等. 2022. 我国 $PM_{2.5}$ 和 O_3 污染前体物排放源清单的现状与质量评估. 科学通报, 67 (18): 1978-1994.

李丛舒, 刘永全, 刘欢, 等. 2023. 天津工业区春夏季 VOCs 污染特征及精细化来源解析. 环境工程技术学报, 13 (02): 491-500.

李硕, 郑有飞, 吴荣军, 等. 2020. 臭氧污染胁迫下植物营养生长及防护研究. 中国农业科技导报, 16 (01): 117-124.

李廷昆, 吴建会, 冯银厂, 等. 2021. 基于工序工艺的精细化工业源排放清单编制及应用研究. 环境科学学报, 41 (5): 1818-1827.

李洋, 张健恺, 田文寿, 等. 2018. 动力传输和地表排放对北京地区对流层臭氧长期变化的影响. 干旱气象, 36 (2): 157-166.

廖宏, 高瑜成, 陈东林, 等. 2021. 空气污染-气候相互作用: IPCC AR6 的结论解读. 大气科学学报, 44 (5): 658-666.

刘畅, 郝丹. 2022. 辽宁 O_3 来源解析及动态决策管理平台建设应用. 绿色科技, 24 (22): 164-170.

栾志强, 王喜芹, 李京芬. 2023. 2022 年 VOCs 减排控制行业发展评述和展望. 中国环境保护产业协会.

孟赫, 代玮, 李健军, 等. 2022. "O$_x$增减量" O$_3$人工订正预报方法与应用. 中国环境监测, 38（02）: 46-51.

秦人洁, 张洁琼, 王雅倩, 等. 2019. 基于 KZ 滤波法的河北省 PM$_{2.5}$ 和 O$_3$ 浓度不同时间尺度分析研究. 环境科学学报, 39（3）: 821-831.

邱婉怡, 刘禹含, 谭照峰, 等. 2020. 基于中国四大城市群计算的最大增量反应活性. 科学通报, 65（7）: 610-621.

单玉龙, 彭悦, 楚碧武, 等. 2023. 我国重点行业氮氧化物管控现状及减排策略. 环境科学研究, 36（03）: 431-438.

史文彬, 屈坤, 严宇, 等. 2022. 成都市夏季 O$_3$污染的环流分型与来源分析. 北京大学学报自然科学版, 58（3）: 565-574.

田俊杰, 丁祥, 安静宇, 等. 2023. 长三角区域人为源活性挥发性有机物高分辨率排放清单. 环境科学, 44（01）: 58-65.

王东方. 2022. 工业园区典型 VOCs 污染过程精细化溯源. 中国环境科学, 42（02）: 585-592.

王红丽, 高雅琴, 景盛翔, 等. 2021. 基于走航监测的长三角工业园区周边大气挥发性有机物污染特征. 环境科学, 42（3）: 1298-1305.

王威, 许荣, 汪巍, 等. 2023. 延伸期尺度大气污染过程研判分析系统 V1.0. 计算机软件著作权, 软著登记号 2023SR0242360.

王晓彦, 许荣, 朱媛媛, 等. 2021. 美国 O$_3$ 变化趋势气象影响修正技术方法及启示. 环境与可持续发展, 46（06）: 181-185.

王晓彦, 朱莉莉, 许荣, 等. 2022. 基于半级别的城市空气质量预报评估方法探讨. 环境科学, 43（07）: 3396-3403.

王雅鹏, 陶金花, 余超, 等. 2020. 基于卫星遥感的甲醛和乙二醛监测与应用综述. 三峡生态环境监测, 5（03）: 43-52.

王艺璇, 刘保双, 吴建会, 等. 2021. 天津市郊夏季 VOCs 化学特征及其时间精细化的来源解析. 环境科学, 42（12）: 5644-5655.

韦啸, 张永杰, 王沛涛, 等. 2022. 基于多通道分布式 VOCs 在线监测质谱系统精准识别企业污染源. 环境科学, 43（04）: 1788-1798.

吴志军, 王志立, 张强, 等. 2022. 气候协同的区域空气质量精细化调控战略研究. 中国工程科学, 24（6）: 164-172.

肖林鸿, 陈焕盛, 陈婷婷, 等. 2021. 基于机器学习的短临预报方法及其在空气质量保障中的应用. 中国环境监测, 37（03）: 66-74.

肖宇. 2022. 基于多机器学习算法耦合的空气质量数值预报订正方法研究及应用. 环境科学研究, 35（12）: 2693-2701.

谢伟, 徐娇, 林致国, 等. 2022. 基于 BP 神经网络的 VOCs 实时源解析方法. 环境工程, 40（12）: 231-238.

徐北瑶，王体健，李树，等.2022."双碳"目标对我国未来空气污染和气候变化的影响评估.科学通报，67（8）：784-794.

许平平，田文寿，张健恺，等.2015.春季青藏高原西北侧一次平流层臭氧向对流层传输的模拟研究.气象学报，73（03）：529-545.

薛志钢，杜谨宏，任岩军，等.2019.我国大气污染源排放清单发展历程和对策建议.环境科学研究，32（10）：1678-1686.

杨欣悦，谭钦文，陆成伟，等.2021.基于CFSv2的延伸期空气质量数值预报技术及效果评估.中国环境监测，37（05）：175-184.

杨镇江，李柯，廖宏，等.2023.2022年夏季历史极端高温下我国近地表O_3污染及气象成因分析，大气科学，DOI：10.3878/j.issn.1006-9895.2302.22211.

张佩文，唐晓，陈科艺，等.2021.珠三角关键大气挥发性有机物的模拟精度评估.大气科学，45（5）：1114-1126.

张鑫.2022.大气醛酮类化合物来源定量分析及其对O_3生成的贡献评估.山东大学，博士论文.

赵少华，杨晓钰，李正强，等.2022.O_3卫星遥感六十年进展.遥感学报，26（05）：817-833.

周民锋，刘华欣，魏恒，等.2021.基于质子转移飞行时间质谱法对苏州市冬季大气VOCs的观测研究.环境科学研究，2021，34（10）：2326-2338.

朱玉凡，陈强，刘晓，等.2022.基于气团老化程度对挥发性有机物分类改善PMF源解析效果.环境科学，43（02）：707-713.

Akimoto H，Nagashima T，Kawano N，et al. 2020. Discrepancies between MICS-Asia Ⅲ simulation and observation for surface ozone in the marine atmosphere over the northwestern Pacific Asian Rim region. Atmospheric Chemistry and Physics，20：15003-15014.

Akritidis D，Pozzer A，Zanis P. 2019. On the impact of future climate change on tropopause folds and tropospheric ozone. Atmospheric Chemistry and Physics，19（22）：14387-14401.

Andersen S T，Carpenter L J，Reed C，et al. 2023. Extensive field evidence for the release of HONO from the photolysis of nitrate aerosols. Science Advances，9（3）：eadd6266.

Archibald A，Neu J，Elshorbany Y，et al. 2023. Tropospheric ozone assessment report a critical review of changes in the tropospheric ozone burden and budget from 1850 to 2100. Elementa：Science of the Anthropocene，8（1）：034.

Bae C，Kim H C，Kim B U，et al. 2020. Surface ozone response to satellite-constrained NO_x emission adjustments and its implications. Environmental Pollution，258：113469.

Bai J，Bai L，Li J，et al. 2022. Sensitivity analysis of 1,3-butadiene monitoring based on space-based detection in the infrared band. Remote Sensing，14（19）：4788.

Batista C E，Ye J，Ribeiro I O，et al. 2019. Intermediate-scale horizontal isoprene concentrations in the near-canopy forest atmosphere and implications for emission heterogeneity. Proceedings of the National Academy of Sciences，116：19318-19323.

Benito-Barca S，Calvo N，Abalos M. Driving mechanisms for the El Niño–Southern Oscillation impact on stratospheric ozone. Atmospheric Chemistry and Physics，22：15729-15745.

Bertman S B，Roberts J M，Parrish D D，et al.1995. Evolution of alkyl nitrates with air mass age. Journal of Geophysical Research：Atmospheres，100（D11）：22805-22813.

Cai B，Zhang L，Xia C，et al. 2021. A new model for China's CO_2 emission pathway using the top-down and bottom-up approaches. Chinese Journal of Population，Resources and Environment，19：291-294.

Camalier L，Cox W，Dolwick P. 2007. The effects of meteorology on ozone in urban areas and their use in assessing ozone trends. Atmospheric Environment，41（33）：7127-7137.

Cao J，Qiu X，Liu Y，et al. 2022. Identifying the dominant driver of elevated surface ozone concentration in North China plain during summertime 2012-2017. Environmental Pollution，300：118912.

Chang F，Li J，Li N，et al. 2023. Stratospheric intrusion may aggravate widespread ozone pollution through both vertical and horizontal advections in eastern China during summer. Frontiers in Environmental Science，10：2756.

Chang X，Zhao B，Zheng H，et al. 2022. Full-volatility emission framework corrects missing and underestimated secondary organic aerosol sources. One Earth，5（4）：403-412.

Chen Q，Wang D，Li X，et al. 2019. Vertical characteristics of winter ozone distribution within the boundary layer in Shanghai based on hexacopter unmanned aerial vehicle platform. Sustainability，11：7026.

Chen W T，Shao M，Lu S H，et al. 2014. Understanding primary and secondary sources of ambient carbonyl compounds in Beijing using the PMF model . Atmospheric Chemistry and Physics，14（6）：3047-3062.

Chen X，Millet D B，Singh H B，et al. 2019. On the sources and sinks of atmospheric VOCs：An integrated analysis of recent aircraft campaigns over North America. Atmos Chem Phys，19：9097-9123.

Chen X，Wang N，Wang G，et al. 2022. The influence of synoptic weather patterns on spatiotemporal characteristics of ozone pollution across Pearl River Delta of southern China. Journal of Geophysical Research：Atmospheres，127（21）：e2022JD037121.

Chen Y，Fung J C H，Yuan D，et al. 2023. Development of an integrated machine-learning and data assimilation framework for NO_x emission inversion. Science of The Total Environment，871：161951.

Chen Z H，Yang X Y，Gu S，et al. 2019. Spatiotemporal variations and trend analysis of OMI satellite-based tropospheric formaldehyde over China. Acta Scientiae Circumstantiae，39（9）：2852-2859.

Chen Z，Li R，Chen D，et al. 2020. Understanding the causal influence of major meteorological factors on ground ozone concentrations across China，Journal of Cleaner Production，242：118498.

Chen Z，Liu J，Qie X，et al. 2022. Transport of substantial stratospheric ozone to the surface by a dying typhoon and shallow convection. Atmospheric Chemistry and Physics，22（12）：8221-8240.

Cheng J，Tong D，Zhang Q，et al. 2021. Pathways of China's PM(2.5) air quality 2015-2060 in the context of carbon neutrality. National Science Review，8（12）：nwab078.

Cheng S，Zhang B，Zhao Y，et al. 2023. Multiscale spatiotemporal variations of NO_x emissions from heavy duty diesel trucks in the Beijing-Tianjin-Hebei region. Science of The Total Environment，854：158753.

Chi X，Liu C，Xie Z，et al. 2018. Observations of ozone vertical profiles and corresponding precursors in the low troposphere in Beijing，China. Atmospheric Research，213：224-235.

Chou Y，Huang Q，Zhang Y，et al. 2023. Impacts of deep boundary layer on near-surface ozone concentration over the Tibetan Plateau. Atmospheric Environment，294：119532.

Chu W，Li H，Ji Y，et al. 2023. Research on ozone formation sensitivity based on observational methods：Development history，methodology，and application and prospects in China. Journal of Environmental Sciences，138：543-560.

Dang R，Liao H，and Fu Y. 2021. Quantifying the anthropogenic and meteorological influences on summertime surface ozone in China over 2012-2017. Science of The Total Environment，754：142394.

Dentener F，Keating T，Akimoto H. 2010. Hemispheric transport of air pollution 2010：Part a - Ozone and particulate matter. Air pollution studies，17：305.

Ding X，Huang C，Liu W，et al. 2023. Direct observation of HONO emissions from real-world residential natural gas heating in China. Environmental Science & Technology，57（12）：4751-4762.

Ding X，Li Q，Wu D，et al. 2020. Gaseous and particulate chlorine emissions from typical iron and steel industry in China. Journal of Geophysical Research：Atmospheres，125（15）：e2020JD032729.

Dong Y，Li J，Guo J，et al. 2020. The impact of synoptic patterns on summertime ozone pollution in the North China Plain. Science of the Total Environment，735：139559.

Dong Z，Xing J，Zhang F，et al. 2023. Synergetic $PM_{2.5}$ and O_3 control strategy for the Yangtze River Delta，China. Journal of Environmental Sciences，123：281-291.

Du X，Tang W，Cheng M，et al. 2022. Modeling of spatial and temporal variations of ozone-NO_x-VOCs sensitivity based on photochemical indicators in China. Journal of Environmental

Sciences，114：454-464.

Fang T，Zhu Y，Wang S，et al. 2021. Source impact and contribution analysis of ambient ozone using multi-modeling approaches over the Pearl River Delta region，China. Environmental Pollution，289：117860.

Feng Z，Marco D A，Anav A，et al. 2019. Economic losses due to ozone impacts on human health，forest productivity and crop yield across China. Environment International，131：104966.

Feng Z，Xu Y，Kobayashi K，et al. 2022a. Ozone pollution threatens the production of major staple crops in East Asia. Nature Food，3（1）：47-56.

Feng Z，Zheng F X，Liu Y C，et al. 2022b. Evolution of organic carbon during COVID-19 lockdown period：Possible contribution of nocturnal chemistry. Science of The Total Environment，808：152191.

Fiore A M，Naik V，Leibensperger. 2015. Air quality and climate connections. Journal of the Air and Waste Management Association，65：645-685.

Fu X，Wang T，Gao J，et al. 2020. Persistent heavy winter nitrate pollution driven by increased photochemical oxidants in northern China. Environmental Science and Technology，54（7）：3881-3889.

Fuchs H，Hofzumahaus A，Rohrer F，et al. 2013. Experimental evidence for efficient hydroxyl radical regeneration in isoprene oxidation. Nature Geoscience，6：1023-1026.

Gao D，Xie M，Liu J，et al. 2021. Ozone variability induced by synoptic weather patterns in warm seasons of 2014-2018 over the Yangtze River Delta region，China. Atmospheric Chemistry and Physics，21（8）：5847-5864.

Gao H，Wang K，Au W W，et al. 2020. A systematic review and meta-analysis of short-term ambient ozone exposure and COPD hospitalizations. International Journal of Environmental Research and Public Health，17（6）：2130.

Gao J，Zhang J，Li H，et al. 2018.Comparative study of volatile organic compounds in ambient air using observed mixing ratios and initial mixing ratios taking chemical loss into account—A case study in a typical urban area in Beijing. Science of the Total Environment，628：791-804.

Gao M，Wang F，Ding Y，et al. 2023. Large-scale climate patterns offer preseasonal hints on the co-occurrence of heat wave and O_3 pollution in China. Proceedings of the National Academy of Sciences，120（26）：e2218274120.

Gao Y，Fu J S，Drake J B，et al. 2013. The impact of emission and climate change on ozone in the United States under representative concentration pathways（RCPs）. Atmospheric Chemistry and Physics，13：9607-9621.

Gao Y，Ma M，Yan F，et al. 2022a. Impacts of biogenic emissions from urban landscapes on summer ozone and secondary organic aerosol formation in megacities. Science of the Total

Environment，814：152654.

Gao Y，Wang H，Liu Y，et al. 2022b. Unexpected high contribution of residential biomass burning to non-methane organic gases（NMOGs）in the Yangtze River Delta region of China. Journal of Geophysical Research：Atmospheres，127（4）：e2021JD035050.

Gao Y，Yan F，Ma M，et al. 2021. Unveiling the dipole synergic effect of biogenic and anthropogenic emissions on ozone concentrations. Science of the Total Environment，818：151722.

Gao Y，Zhang J，Yan F，et al. 2020. Nonlinear effect of compound extreme weather events on ozone formation over the United States. Weather and Climate Extremes，30：100285.

Gilio A D，Palmisani J，Petraccone S，et al. 2021. A sensing network involving citizens for high spatio-temporal resolution monitoring of fugitive emissions from a petroleum pre-treatment plant. Science of the Total Environment，791：148135.

Gong C，Liao H. 2019. A typical weather pattern for ozone pollution events in North China. Atmospheric Chemistry and Physics，19（22）：13725-13740.

Gong K，Li L，Li J Y，et al. 2021. Quantifying the impacts of inter-city transport on air quality in the Yangtze River Delta urban agglomeration，China：Implications for regional cooperative controls of $PM_{2.5}$ and O_3. Science of The Total Environment，779：146619.

Gong S，Zhang L，Liu C，et al. 2022. Multi-scale analysis of the impacts of meteorology and emissions on $PM_{2.5}$ and O_3 trends at various regions in China from 2013 to 2020 2. Key weather elements and emissions. Science of The Total Environment，824：153847.

Gu Y，Liu B，Meng H，et al. 2023. Source apportionment of consumed volatile organic compounds in the atmosphere. Journal of Hazardous Materials，459：132138.

Gu Y，Yan F，Xu J，et al. 2020. A measurement and model study on ozone characteristics in marine air at a remote island station and its interaction with urban ozone air quality in Shanghai，China. Atmospheric Chemistry and Physics，20（22）：14361-14375.

Haagen-Smit A J，Fox M M. 1954. Photochemical ozone formation with hydrocarbons and automobile exhaust. Air Repair，4（3）：105-136.

Hallquist M，Munthe J，Hu M，et al. 2016. Photochemical smog in China：Scientific challenges and implications for air-quality policies. National Science Review，3：401-403.

Han C，Yang W，Wu Q，et al. 2016. Heterogeneous photochemical conversion of NO_2 to HONO on the humic acid surface under simulated sunlight. Environ Sci Technol，50（10）：5017-5023.

Han H，Liu J，Shu L，et al. 2020. Local and synoptic meteorological influences on daily variability in summertime surface ozone in eastern China. Atmospheric Chemistry and Physics，20（1）：203-222.

Han H，Liu J，Yuan H，et al. 2019. Foreign influences on tropospheric ozone over East Asia through global atmospheric transport. Atmospheric Chemistry and Physics，19（19）：12495-12514.

Han X，Zhu L，Wang S，et al. 2018. Modeling study of impacts on surface ozone of regional transport and emissions reductions over North China Plain in summer 2015. Atmospheric Chemistry and Physics，18（16）：12207-12221.

Hauser M，Orth R，Seneviratne S I. 2016. Role of soil moisture versus recent climate change for the 2010 heat wave in western Russia. Geophysical Research Letters，43：2819-2826.

Hofzumahaus A，Rohrer F，Lu K，et al. 2009.Amplified trace gas removal in the troposphere. Science，324（5935）：1702-1704.

Holzinger R，Eppers O，Adachi K，et al. 2023. A signature of aged biogenic compounds detected from airborne VOC measurements in the high arctic atmosphere in March/April 2018. Atmospheric Environment，309：119919.

Hong C，Zhang Q，Zhang Y，et al. 2019. Impacts of climate change on future air quality and human health in China. Proceedings of the National Academy of Sciences，116（35）：17193-17200.

Hong Q，Zhu L，Xing C，et al. 2022. Inferring vertical variability and diurnal evolution of O_3 formation sensitivity based on the vertical distribution of summertime HCHO and NO_2 in Guangzhou，China. Science of the Total Environment，827：154045.

Hood C，Stocker J，Carruthers D J，et al. 2017. Integrating regional and local modeling to create a high-resolution air quality forecasting system for Hong Kong. Presented at the 16th Annual CMAS Conference，Chapel Hill，NC，October 23-25.

Horton D E，Skinner C B，Singh D，et al. 2014. Occurrence and persistence of future atmospheric stagnation events. Nature Climate Change，4：698-703.

Hu C，Kang P，Jaffe D A，et al. 2021. Understanding the impact of meteorology on ozone in 334 cities of China. Atmospheric Environment，248：118221.

Huang C，An J，Wang H，et al. 2021. Highly resolved dynamic emissions of air pollutants and greenhouse gas CO_2 during COVID-19 pandemic in East China. Environmental Science and Technology Letters.

Huang C，Hu Q，Li Y，et al. 2018. Intermediate volatility organic compound emissions from a large cargo vessel operated under real-world conditions. Environmental Science and Technology，52（21）：12934-12942.

Huang G，Wang S，Chang X，et al. 2022. Emission factors and chemical profile of I/SVOCs emitted from household biomass stove in China. Science of the Total Environment，842：156940.

Huang H，Wang Z，Dai C，et al. 2022. Species profile and reactivity of volatile organic compounds emission in solvent uses，industry activities and from vehicular tunnels. Journal of Environmental Sciences，135：546-559.

Huang L，Wen Y，Zhang Y，et al. 2020. Dynamic calculation of ship exhaust emissions based on real-time AIS data. Transportation Research Part D-transport and Environment，80：102277.

Huang X, Ding A, Gao J, et al. 2020a. Enhanced secondary pollution offset reduction of primary emissions during COVID-19 lockdown in China. National Science Review, 8 (2): nwaa137.

Huang X, Zhang B, Xia S, et al. 2020b. Sources of oxygenated volatile organic compounds (OVOCs) in urban atmospheres in North and South China. Environmental Pollution, 261: 114152.

Huang Y, Che X, Jin D, et al. 2022. Mobile monitoring of VOCs and source identification using two direct-inlet MSs in a large fine and petroleum chemical industrial park. Science of the Total Environment, 823: 153615.

Ivatt P D, Evans M J, Lewis A C.2022. Suppression of surface ozone by an aerosol-inhibited photochemical ozone regime. Nature Geoscience, 15 (7): 536-540.

Jacob D J, Winner D A. 2009. Effect of climate change on air quality. Atmospheric Environment, 43: 51-63.

Jiang M, Lu K, Su R, et al. 2018. Ozone formation and key VOCs in typical Chinese city clusters (in Chinese). Chinese Science Bulletin, 63 (12): 1130-1141.

Jiang Z, Li J, Lu X, et al. 2021. Impact of western Pacific subtropical high on ozone pollution over eastern China. Atmospheric Chemistry and Physics, 21 (4): 2601-2613.

Kou W, Gao Y, Zhang S, et al. 2023. High downward surface solar radiation conducive to ozone pollution more frequent under global warming. Science Bulletin, 68: 388-392.

LaKind J S, Burns C J, Pottenger L H, et al. 2021. Does ozone inhalation cause adverse metabolic effects in humans? A systematic review. Critical Reviews in Toxicology, 51 (6): 467-508.

Li B, Yu S, Shao M, et al. 2023. New insights into photochemical initial concentrations of VOCs and their source implications. Atmospheric Environment, 298: 119616.

Li D, Bian J C, Fan Q J. 2015. A deep stratospheric intrusion associated with an intense cut-off low event over East Asia. Science China Earth Sciences, 58: 116-128.

Li J, Chen X, Wang Z, et al. 2018. Radiative and heterogeneous chemical effects of aerosols on ozone and inorganic aerosols over East Asia. Science of the Total Environment, 622: 1327-1342.

Li J, Nagashima T, Kong L, et al. 2019. Model evaluation and intercomparison of surface-level ozone and relevant species in East Asia in the context of MICS-Asia Phase III-Part 1: Overview. Atmospheric Chemistry and Physics, 19 (20): 12993-13015.

Li J, Xie X, Li L, et al. 2022. Fate of oxygenated volatile organic compounds in the Yangtze River Delta Region: Source contributions and impacts on the atmospheric oxidation capacity. Environmental Science and Technology, 56 (16): 11212-11224.

Li K, Jacob D J, Liao H, et al. 2019. Anthropogenic drivers of 2013-2017 trends in summer surface ozone in China. Proceedings of the National Academy of Sciences, 116 (2): 422-427.

Li K, Jacob D J, Liao H, et al. 2021. Ozone pollution in the North China Plain spreading into the late-winter haze season. Proceedings of the National Academy of Sciences，118（10）：e2015797118.

Li K，Jacob D J，Shen L，et al. 2020. Increases in surface ozone pollution in China from 2013 to 2019：Anthropogenic and meteorological influences. Atmospheric Chemistry and Physics，20（19）：11423-11433.

Li L，Xie F J，Li J Y，et al. 2022. Diagnostic analysis of regional ozone pollution in Yangtze River Delta，China：A case study in summer. Science of the Total Environment，812：151511.

Li M，Klimont Z，Zhang Q，et al. 2018. Comparison and evaluation of anthropogenic emissions of SO_2 and NO_x over China. Atmospheric Chemistry and Physics，18（5）：3433-3456.

Li M，Liu H，Geng G，et al. 2017. Anthropogenic emission inventories in China：A review. National Science Review，4（6）：834-866.

Li M，Wang T，Shu L，et al. 2021. Rising surface ozone in China from 2013 to 2017：A response to the recent atmospheric warming or pollutant controls？Atmospheric Environment，246：118130.

Li P，Feng Z，Catalayud V，et al. 2017. A meta-analysis on growth，physiological，and biochemical responses of woody species to ground-level ozone highlights the role of plant functional types. Plant Cell and Environment，40（10）：2369-2380.

Li X，Rappenglueck B. 2018. A study of model nighttime ozone bias in air quality modeling. Atmospheric Environment，195：210-228.

Li X，Yuan B，Wang S，et al. 2022. Variations and sources of volatile organic compounds（VOCs）in urban region: Insights from measurements on a tall tower. Atmospheric Chemistry and Physics，22（16）：10567-10587.

Li Z，Xue L，Yang X，et al. 2018. Oxidizing capacity of the rural atmosphere in Hong Kong，Southern China. Science of the Total Environment，612：1114-1122.

Liang T，Luo J，Zhang C，et al. 2023.The impact of tropopause fold event on surface ozone concentration over Tibetan Plateau in July. Atmospheric Research，298：107156.

Liao Q，Zhu M，Wu L，et al. 2020. Deep learning for air quality forecasts：A review. Current Pollution Reports，6：399-409.

Liao S，Zhang J，Yu F，et al. 2021. High Gaseous Nitrous Acid（HONO）emissions from light-duty diesel vehicles. Environmental Science and Technology，55：200-208.

Lin Y，Tian W，Xue H，et al. 2023. Global trends of tropopause folds in recent decades. Atmospheric and Oceanic Science Letters，100450.

Liu B，Yang Y，Yang T，et al. 2023. Effect of photochemical losses of ambient volatile organic compounds on their source apportionment. Environment International，172：107766.

Liu C，Hu Q，Zhang C，et al. 2022. First Chinese ultraviolet-visible hyperspectral satellite instrument implicating global air quality during the COVID-19 pandemic in early 2020. Light-Science and

Applications，11：28.

Liu H，Han X，Tang G，et al. 2022. Model analysis of vertical exchange of boundary layer ozone and its impact on surface air quality over the North China Plain. Science of The Total Environment，821：153436.

Liu M，Popescu S. 2022. Estimation of biomass burning emissions by integrating ICESat-2，Landsat 8，and Sentinel-1 data. Remote Sensing of Environment，280：113172.

Liu T，Wang X，Hu J，et al. 2020. Driving forces of changes in air quality during the COVID-19 lockdown period in the Yangtze River Delta Region，China. Environmental Science and Technology Letters，7（11）：779-786.

Liu Y，Geng G，Cheng J，et al. 2023. Drivers of increasing ozone during the two phases of clean air actions in China 2013-2020. Environmental Science and Technology，57（24）：8954-8964.

Liu Y，Lu K，Li X，et al. 2019. A comprehensive model test of the HONO sources constrained to field measurements at rural North China Plain. Environmental Science and Technology，53（7）：3517-3525.

Liu Y，Shen H，Mu J，et al. 2021a. Formation of peroxyacetyl nitrate（PAN）and its impact on ozone production in the coastal atmosphere of Qingdao，North China. Science of the Total Environment，778.

Liu Y，Wang T. 2020. Worsening urban ozone pollution in China from 2013 to 2017-Part 2：The effects of emission changes and implications for multi-pollutant control. Atmospheric Chemistry and Physics，20（11）：6323-6337.

Liu Y，Wang T，Stavrakou T，et al. 2021b. Diverse response of surface ozone to COVID-19 lockdown in China，Science of the Total Environment，789：147739.

Liu Z，Wang Y，Hu B，et al. 2021. Elucidating the quantitative characterization of atmospheric oxidation capacity in Beijing，China. Science of The Total Environment，771：145306.

Lu K，Fuchs H，Hofzumahaus A，et al. 2019. Fast photochemistry in wintertime haze：Consequences for pollution mitigation strategies. Environmental Science and Technology，53（18）：10676-10684.

Lu K，Hofzumahaus A，Holland F，et al. 2013. Missing OH source in a suburban environment near Beijing：Observed and modelled OH and HO_2 concentrations in summer 2006. Atmospheric Chemistry and Physics，13（2）：1057-1080.

Lu K，Rohrer F，Holland F，et al. 2012. Observation and modelling of OH and HO_2 concentrations in the Pearl River Delta 2006：A missing OH source in a VOCs rich atmosphere. Atmospheric Chemistry and Physics，12（3）：1541-1569.

Lu S，Gong S，Chen J，et al. 2022. Composite effects of ENSO and EASM on summer ozone pollution in two regions of China. Journal of Geophysical Research：Atmospheres，127（22）， e2022JD036938.

Lu X，Zhang L，Chen Y，et al. 2019. Exploring 2016-2017 surface ozone pollution over China：Source contributions and meteorological influences. Atmospheric Chemistry and Physics，19（12）：8339-8361.

Lu X，Zhang L，Wu T，et al. 2020. Development of the global atmospheric chemistry general circulation model BCC-GEOS-Chem v1.0：Model description and evaluation. Geoscientific Model Development，13：3817-3838.

Luo J，Liang W，Xu P，et al. 2019.Seasonal features and a case study of tropopause folds over the Tibetan Plateau. Advances in Meteorology，2019：1-12.

Ma M，Gao Y，Ding A，et al. 2022. Development and assessment of a high-resolution biogenic emission inventory from urban green spaces in China. Environmental Science and Technology，56（1）：175-184.

Ma M，Gao Y，Wang Y，et al. 2019. Substantial ozone enhancement over the North China Plain from increased biogenic emissions due to heat waves and land cover in summer 2017. Atmospheric Chemistry and Physics，19（19）：12195-12207.

Ma X，Tan Z，Lu K，et al. 2019. Winter photochemistry in Beijing：Observation and model simulation of OH and HO_2 radicals at an urban site. Science of the Total Environment，685：85-95.

Ma X，Tan Z，Lu K，et al. 2022. OH and HO_2 radical chemistry at a suburban site during the EXPLORE-YRD campaign in 2018. Atmospheric Chemistry and Physics，22（10）：7005-7028.

Man H，Liu H，Niu H，et al. 2020. VOCs evaporative emissions from vehicles in China：Species characteristics of different emission processes. Environmental Science and Ecotechnology，1：100002.

Masson-Delmotte V，Zhai P，Pirani A，et al. 2021. Climate Change 2021：The Physical Science Basis. Contribution of Working Group I to the Sixth Assessment Report of the Intergovernmental Panel on Climate Change. Cambridge & New York：Cambridge University Press.

Meul S，Langematz U，Kröger P，et al. 2018. Future changes in the stratosphere-to-troposphere ozone mass flux and the contribution from climate change and ozone recovery. Atmospheric Chemistry and Physics，18（10）：7721-7738.

Mo Z，Huang S，Yuan B，et al. 2020. Deriving emission fluxes of volatile organic compounds from tower observation in the Pearl River Delta，China. Science of The Total Environment，2020，741：139763.

Mo Z，Huang S，Yuan B，et al. 2022. Tower-based measurements of NMHCs and OVOCs in the Pearl River Delta：Vertical distribution，source analysis and chemical reactivity. Environmental Pollution，292：118454.

Mo Z, Shao M, Lu S. 2016. Compilation of a source profile database for hydrocarbon and OVOCs emissions in China. Atmospheric Environment, 143: 209-217.

Mousavinezhad S, Choi Y, Pouyaei A, et al. 2021. A comprehensive investigation of surface ozone pollution in China, 2015-2019: Separating the contributions from meteorology and precursor emissions. Atmospheric Research, 257: 105599.

Murray C J, Aravkin A Y, Zheng P, et al. 2020. Global burden of 87 risk factors in 204 countries and territories, 1990-2019: A systematic analysis for the Global Burden of Disease Study 2019. The Lancet, 396, (10258): 1223-1249.

Naik V, Delire C, Wuebbles D J. 2004. Sensitivity of global biogenic isoprenoid emissions to climate variability and atmospheric CO_2. Journal of Geophysical Research-Atmospheres, 109: D06301.

National Research Council. 1991. Rethinking the Ozone Problem in Urban and Regional Air Pollution. Washington, DC : The National Academies Press.

Nguyen D H, Lin C, Vu C T, et al. 2022. Tropospheric ozone and NOx: A review of worldwide variation and meteorological influences. Environmental Technology and Innovation, 28: 102809.

Ohara T, Akimoto H, Kurokawa J, et al. 2007. An Asian emission inventory of anthropogenic emission sources for the period 1980-2020. Atmospheric Chemistry and Physics, 7: 4419-4444.

Peeters J, Muller J F, Stavrakou T, et al. 2014. Hydroxyl radical recycling in isoprene oxidation driven by hydrogen bonding and hydrogen tunneling: The upgraded LIM1 mechanism. The Journal of Physical Chemistry. A, 118 (38): 8625-8643.

Peeters J, Nguyen T L, Vereecken L .2009. HOx radical regeneration in the oxidation of isoprene. Physical Chemistry Chemical Physics, 11 (28): 5935-5939.

Peng X, Wang T, Wang W, et al. 2022. Photodissociation of particulate nitrate as a source of daytime tropospheric Cl_2. Nature Communications, 13 (1): 939.

Peng X, Wang W, Xia M, et al. 2021. An unexpected large continental source of reactive bromine and chlorine with significant impact on wintertime air quality. National Science Review, 8 (7): nwaa304.

Pu X, Wang T, Huang X, et al. 2017. Enhanced surface ozone during the heat wave of 2013 in Yangtze River Delta region, China. Science of the Total Environment, 603: 807-816.

Qi L, Liu H, Shen X, et al. 2019. Intermediate-volatility organic compound emissions from nonroad construction machinery under different operation modes. Environmental Science and Technology, 53: 13832-13840.

Qin M, Hu A, Mao J, et al. 2022. PM$_{(2.5)}$ and O$_{(3)}$ relationships affected by the atmospheric oxidizing capacity in the Yangtze River Delta, China. Science of the Total Environment, 810: 152268.

Qiu P, Zhang Z, Wang X, et al. 2023. A new approach of air pollution regionalization based on geographically weighted variations for multi-pollutants in China. Science of the Total Environment，873：162431.

Qu H，Wang Y，Zhang R，et al. 2021. Chemical production of oxygenated volatile organic compounds strongly enhances boundary-layer oxidation chemistry and ozone production. Environmental Science and Technology，55（20）：13718-13727.

Reichstein M，Camps-Valls G，Stevens B，et al. 2019. Deep learning and process understanding for data-driven Earth system science. Nature，566（7743）：195-204.

Ren J，Guo F，Xie S .2022. Diagnosing ozone-NOx-VOCs sensitivity and revealing causes of ozone increases in China based on 2013-2021 satellite retrievals. Atmospheric Chemistry and Physics，22（22）：15035-15047.

Romer P S，Duffey K C，Wooldridge P J，et al. 2018. Effects of temperature-dependent NOx emissions on continental ozone production. Atmospheric Chemistry and Physics，18（4）：2601-2614.

Rubin J I，Kean A J，Harley R A，et al. 2006. Temperature dependence of volatile organic compound evaporative emissions from motor vehicles. Journal of Geophysical Research：Atmospheres，111（D3）.

Sha Q，Liu X，Yuan Z，et al. 2022. Upgrading emission standards inadvertently increased OH reactivity from light-duty diesel truck exhaust in China：Evidence from direct LP-LIF measurement. Environmental Science and Technology，56：9968-9977.

Sha Q，Zhu M，Huang H，et al. 2021. A newly integrated dataset of volatile organic compounds （VOCs） source profiles and implications for the future development of VOCs profiles in China. Science of the Total Environment，793：148348.

Shao M，Wang W，Yuan B，et al. 2021. Quantifying the role of $PM_{2.5}$ dropping in variations of ground-level ozone：Inter-comparison between Beijing and Los Angeles. Science of the Total Environment，788：147712.

Shen H，Sun Z，Chen Y，et al. 2021. Novel method for ozone isopleth construction and diagnosis for the ozone control strategy of Chinese cities. Environmental Science and Technology，55（23）：15625-15636.

Shen L，Liu J，Zhao T，et al. 2022. Atmospheric transport drives regional interactions of ozone pollution in China. Science of the Total Environment，830：154634.

Shen L，Mickley Loretta J. 2017. Seasonal prediction of US summertime ozone using statistical analysis of large scale climate patterns. Proceedings of the National Academy of Sciences，114（10）：2491-2496.

Shen X，Che H，Lv T，et al. 2023. Real-world emission characteristics of semivolatile/intermediate-volatility organic compounds originating from nonroad construction machinery in the working process. Science of the Total Environment, 858: 159970.

Shi X, Zheng Y, Lei Y, et al. 2021. Air quality benefits of achieving carbon neutrality in China. Science of the Total Environment, 795: 148784.

Shore S A. 2019. The metabolic response to ozone. Frontiers in Immunology, 10: 2890.

Shu L, Wang T, Han H, et al. 2020. Summertime ozone pollution in the Yangtze River Delta of eastern China during 2013-2017: Synoptic impacts and source apportionment. Environmental pollution, 257: 113631.

Singh A, Suresh S, Singh A, et al. 2022. Perspectives of ozone induced neuropathology and memory decline in Alzheimer's disease: A systematic review of preclinical evidences. Environmental Pollution, 313: 120136.

Song H, Chen X, Lu K, et al. 2020. Influence of aerosol copper on HO_2 uptake: A novel parameterized equation. Atmospheric Chemistry and Physics, 20 (24): 15835-15850.

Song H, Lu K, Dong H, et al. 2021. Reduced aerosol uptake of hydroperoxyl radical may increase the sensitivity of ozone production to volatile organic compounds. Environmental Science and Technology Letters, 9 (1): 22-29.

Song H, Lu K, Dong H B, et al.2023. Impact of aerosol *in-situ* peroxide formations induced by metal complexes on atmospheric H_2O_2 budgets. Science of The Total Environment, 892: 164455.

Song K, Guo S, Gong Y, et al. 2022. Impact of cooking style and oil on semi-volatile and intermediate volatility organic compound emissions from Chinese domestic cooking. Atmospheric Chemistry and Physics, 22: 9827-9841.

Song Y, Lü D, Li Q, et al. 2016. The impact of cut-off lows on ozone in the upper troposphere and lower stratosphere over Changchun from ozonesonde observations. Advances in Atmospheric Sciences, 33: 135-150.

Souri A H, Nowlan C R, Abad G G, et al. 2020. An inversion of NO*x* and NMVOCs emissions using satellite observations during the KORUS-AQ campaign and implications for surface ozone over East Asia. Atmospheric Chemistry and Physics, 1: 1-39.

Stavrakou T, Muller J F, Bauwens M, et al. 2014. Isoprene emissions over Asia 1979-2012: Ampact of climate and land-use changes. Atmospheric Chemistry and Physics, 14: 4587-4605.

Stemmler K, Ammann M, Donders C, et al. 2006. Photosensitized reduction of nitrogen dioxide on humic acid as a source of nitrous acid. Nature, 440 (7081): 195-198.

Stohl A, Bonasoni P, Cristofanelli P, et al. 2003. Stratosphere-troposphere exchange: A review, and what we have learned from STACCATO. Journal of Geophysical Research: Atmospheres, 108 (D12).

Su H, Cheng Y, Oswald R, et al. 2011. Soil Nitrite as a Source of Atmospheric HONO and OH Radicals. Science, 333 (6049): 1616-1618.

Sun H Z, Yu P, Lan C, et al. 2022. Cohort-based long-term ozone exposure-associated mortality risks with adjusted metrics: A systematic review and meta-analysis. The Innovation, 3（3）: 100246.

Tan Y, Han S, Chen Y, et al. 2021.Characteristics and source apportionment of volatile organic compounds（VOCs）at a coastal site in Hong Kong. Science of the Total Environment, 777: 146241.

Tan Y, Wang T .2022. What caused ozone pollution during the 2022 Shanghai lockdown? Insights from ground and satellite observations. Atmospheric Chemistry and Physics, 22（22）: 14455-14466.

Tan Z, Fuchs H, Lu K, et al. 2017. Radical chemistry at a rural site（Wangdu）in the North China Plain: Observation and model calculations of OH, HO_2 and RO_2 radicals. Atmospheric Chemistry and Physics, 17（1）: 663-690.

Tan Z, Hofzumahaus A, Lu K, et al. 2020. No evidence for a significant impact of heterogeneous chemistry on radical concentrations in the North China Plain in summer 2014. Environmental Science and Technology, 54（10）: 5973-5979.

Tan Z, Lu K, Hofzumahaus A, et al. 2019b. Experimental budgets of OH, HO_2, and RO_2 radicals and implications for ozone formation in the Pearl River Delta in China 2014. Atmospheric Chemistry and Physics, 19（10）: 7129-7150.

Tan Z, Lu K, Jiang M, et al. 2019a. Daytime atmospheric oxidation capacity in four Chinese megacities during the photochemically polluted season: A case study based on box model simulation. Atmospheric Chemistry and Physics, 19（6）: 3493-3513.

Tan Z, Lu K, Ma X, et al. 2022. Multiple impacts of aerosols on O_3 production are largely compensated: A case study Shenzhen, China. Environmental Science and Technology, 56（24）: 17569-17580.

Tan Z, Rohrer F, Lu K, et al. 2018. Wintertime photochemistry in Beijing: Observations of ROx radical concentrations in the North China Plain during the BEST-ONE campaign. Atmospheric Chemistry and Physics, 18（16）: 12391-12411.

Tang G, Zhu X, Xin J, et al. 2017. Modelling study of boundary-layer ozone over northern China-Part Ⅰ: Ozone budget in summer. Atmospheric Research, 187: 128-137.

Tang K, Zhang H, Feng W, et al. 2022. Increasing but variable trend of surface ozone in the Yangtze River Delta Region of China. Front Environmental Science, 10: 836191.

Tang R, Song K, Gong Y, et al. 2023. Detailed speciation of semi-volatile and intermediate-volatility organic compounds（S/IVOCs）in marine fuel oils using GC×GC-MS. International Journal of Environmental Research and Public Health, 20（3）: 2508.

Tian W, Chipperfield M P, Stevenson D S, et al. 2010. Effects of stratosphere-troposphere chemistry coupling on tropospheric ozone. Journal of Geophysical Research: Atmospheres, 115（D3）.

Tong D, Cheng J, Liu Y, et al. 2020. Dynamic projection of anthropogenic emissions in China: Methodology and 2015-2050 emission pathways under a range of socio-economic, climate policy, and pollution control scenarios. Atmospheric Chemistry and Physics, 20 (9): 5729-5757.

Tong L, Liu Y, Meng Y, et al. 2023. Surface ozone changes during the COVID-19 outbreak in China: An insight into the pollution characteristics and formation regimes of ozone in the cold season. Journal of Atmospheric Chemistry, 80 (1): 103-120.

Travis K R, Jacob D J, Keller C A, et al. 2017. Resolving ozone vertical gradients in air quality models. Atmospheric Chemistry And Physics Discussions, 596: 1-18.

Turner M C, Jerrett M, Pope C A, et al. 2016. Long-term ozone exposure and mortality in a large prospective study. American journal of respiratory and critical care medicine, 193, (10): 1134-1142.

Wallace M E, Grantz K L, Liu D, et al. 2016. Exposure to ambient air pollution and premature rupture of membranes. American journal of epidemiology, 183, (12): 1114-1121.

Wang H, Ding K, Huang X, et al. 2021. Insight into ozone profile climatology over northeast China from aircraft measurement and numerical simulation. Science of The Total Environment, 785: 147308.

Wang H, Huang C, Tao W, et al. 2022a. Seasonality and reduced nitric oxide titration dominated ozone increase during COVID-19 lockdown in eastern China. npj Climate and Atmospheric Science, 5: 24.

Wang H, Ma X, Tan Z, et al. 2022b. Anthropogenic monoterpenes aggravating ozone pollution. National Science Review, 9 (9): nwac103.

Wang H, Wang W, Huang X, et al. 2020. Impacts of stratosphere-to-troposphere-transport on summertime surface ozone over eastern China. Science bulletin, 65 (4): 276-279.

Wang H, Wang W, Shangguan M, et al. 2023.The stratosphere-to-troposphere transport related to rossby wave breaking and its impact on summertime ground-level ozone in Eastern China. Remote Sensing, 15 (10): 2647.

Wang H, Wu K, Liu Y, et al. 2021. Role of heat wave-induced biogenic VOCs enhancements in persistent ozone episodes formation in Pearl River Delta. Journal of Geophysical Research: Atmospheres, 126 (12): e2020JD034317.

Wang Q, Li Y, Zhong F, et al. 2023. Ground ozone rise caused by the larger emission reduction of nitrogen oxides than volatile organic components. EGU Sphere, doi: 10.312231X5808X

Wang S, Yuan B, Wu C, et al. 2022. Oxygenated volatile organic compounds (VOCs) as significant but varied contributors to VOC emissions from vehicles. Atmospheric Chemistry and Physics, 22: 9703-9720.

Wang S, Zhao B, Cai S, et al. 2014. Emission trends and mitigation options for air pollutants in

East Asia. Atmospheric Chemistry and Physics，14：6571-6603.

Wang T，Dai J，Lam K S，et al. 2019. Twenty-five years of lower tropospheric ozone observations in tropical East Asia：The influence of emissions and weather patterns. Geophysical Research Letters，46（20）：11463-11470.

Wang T，Li J，Pan J，et al. 2022a. An integrated air quality modeling system coupling regional-urban and street models in Beijing. Urban Climate，43：101143.

Wang T，Xue L，Brimblecombe P，et al. 2017. Ozone pollution in China：A review of concentrations，meteorological influences，chemical precursors，and effects. Science of the Total Environment，575：1582-1596.

Wang T，Xue L，Feng Z，et al. 2022b. Ground-level ozone pollution in China：A synthesis of recent findings on influencing factors and impacts. Environmental Research Letters，17（6）：063003.

Wang W，Li X，Cheng Y，et al. 2024. Ozone pollution mitigation strategy informed by long-term trends of atmospheric oxidation capacity. Nature Geoscience，17：20-25.

Wang W，Yuan B，Peng Y，et al. 2022. Direct observations indicate photodegradable oxygenated volatile organic compounds（OVOCs）as larger contributors to radicals and ozone production in the atmosphere . Atmospheric Chemistry and Physics，22（6）：4117-4128.

Wang Y，Shen L，Wu S，et al. 2013. Sensitivity of China's ozone air quality to 2000-2050 global changes of climate and emissions. Atmospheric Environment，75：374-382.

Wang Y，Wang Y，Feng Z，et al. 2023. The impacts of ambient ozone pollution on China's wheat yield and forest production from 2010 to 2021. Environmental Pollution，330：121726.

Wang Z，Shi Z，Wang F，et al. 2022. Implications for ozone control by understanding the survivor bias in observed ozone-volatile organic compounds system. npj Clim Atmos Sci 5，39.

Wen Y，Zhou Z，Zhang S，et al. 2022. Urban-rural disparities in air quality responses to traffic changes in a megacity of China revealed using machine learning. Environmental Science and Technology Letters，2022，9（7）：592-598.

Weng X，Forster G L，Nowack P. 2022. A machine learning approach to quantify meteorological drivers of ozone pollution in China from 2015 to 2019.Atmospheric Chemistry and Physics，22（12）：8385-8402.

Westervelt D，Ma C，He M，et al. 2019. Mid-21st century ozone air quality and health burden in China under emissions scenarios and climate change. Environmental Research Letters，14（7）：074030.

Wu C，Wang C，Wang S，et al. 2020. Measurement report：Important contributions of oxygenated compounds to emissions and chemistry of volatile organic compounds in urban air . Atmospheric Chemistry and Physics，20（23）：14769-14785.

Wu J，Kang J，Dong J，et al. 2022. Droplet-type optical fiber volatile organic compound sensor based on PDMS. Acta Optica Sinica，42.

Wu J，Wang Q，Chen H，et al. 2017. On the origin of surface ozone episode in Shanghai over Yangtze River Delta during a prolonged heat wave. Aerosol and Air Quality Research，17（11）：2804-2815.

Wu X，Yang D，Wu R，et al. 2022. High-resolution mapping of regional traffic emissions using land-use machine learning models. Atmospheric Chemistry and Physics，22（3）：1939-1950.

Wu Y，Chen W，You Y，et al. 2023. Quantitative impacts of vertical transport on the long-term trend of nocturnal ozone increase over the Pearl River Delta region during 2006-2019. Atmospheric Chemistry and Physics，23（1）：453-469.

Xing J，Zheng S，Ding D，et al. 2020. Deep learning for prediction of the air quality response to emission changes. Environmental Science and Technology，54（14）：8589-8600.

Xu G Y，Shan W P，Yu Y B，et al. 2023. Advances in emission control of diesel vehicles in China. Journal of Environmental Sciences，123：15-29.

Xu J，Zhao Z，Wu Y，et al. 2023. Impacts of meteorological conditions on autumn surface ozone during 2014-2020 in the Pearl River Delta，China. Earth and Space Science，10（2）：e2022EA002742.

Xu R，Alam M S，Stark C，et al. 2020. Behaviour of traffic emitted semi-volatile and intermediate volatility organic compounds within the urban atmosphere. Science of The Total Environment，720：137470.

Xu Y，Huang Z，Ou J，et al. 2022. Near-real-time estimation of hourly open biomass burning emissions in China using multiple satellite retrievals. Science of The Total Environment，817：152777.

Xue L，Gu R，Wang T，et al. 2016. Oxidative capacity and radical chemistry in the polluted atmosphere of Hong Kong and Pearl River Delta region：Analysis of a severe photochemical smog episode. Atmospheric Chemistry and Physics，16（15）：9891-9903.

Yang X，Wu K，Lu Y，et al. 2021. Origin of regional springtime ozone episodes in the Sichuan Basin，China：Role of synoptic forcing and regional transport. Environmental Pollution，278：116845.

Yang X，Wu K，Wang H，et al. 2020. Summertime ozone pollution in Sichuan Basin，China：Meteorological conditions，sources and process analysis. Atmospheric Environment，226，117392.

Yang Y，Liu B，Hua J，et al. 2022. Global review of source apportionment of volatile organic compounds based on highly time-resolved data from 2015 to 2021. Environment International，165：107330.

Ye C，Zhou X，Pu D，et al. 2016. Rapid cycling of reactive nitrogen in the marine boundary layer. Nature，532：489-491.

Ye Q，Li J，Chen X，et al. 2021. High-resolution modeling of the distribution of surface air pollutants and their intercontinental transport by a global tropospheric atmospheric chemistry source-receptor model（GNAQPMS-SM）. Geoscientific Model Development，14：7573-7604.

Yin Z，Li Y，Cao B. 2020. Seasonal prediction of surface O_3-related meteorological conditions in summer in North China. Atmospheric Research，246：105110.

Yuan Q，Qi B，Hu D，et al. 2021. Spatiotemporal variations and reduction of air pollutants during the COVID-19 pandemic in a megacity of Yangtze River Delta in China. Science of the Total Environment，751：141820.

Zanis P，Akritidis D，Turnock S，et al. 2022. Climate change penalty and benefit on surface ozone：A global perspective based on CMIP6 earth system models. Environmental Research Letters，17（2）：024014.

Zeng X，Gao Y，Wang Y，et al. 2022. Characterizing the distinct modulation of future emissions on summer ozone concentrations between urban and rural areas over China. Science of the Total Environment，820：153324.

Zhai T，Lu K，Wang H，et al. 2023. Elucidate the formation mechanism of particulate nitrate based on direct radical observations in the Yangtze River Delta summer 2019. Atmospheric Chemistry and Physics，23（4）.

Zhang H，Zhang Y，Huang Z，et al. 2020. Vertical profiles of biogenic volatile organic compounds as observed online at a tower in Beijing. Journal of Environmental Sciences，95：33-42.

Zhang J，Gao Y，Leung L R，et al. 2022a. Disentangling the mechanism of temperature and water vapor modulation on ozone under a warming climate. Environmental Research Letters，17：12.

Zhang J，Gao Y，Leung L R，et al. 2022b. Isolating the modulation of mean warming and higher-order temperature changes on ozone in a changing climate over the contiguous United States. Environmental Research Letters，17：9.

Zhang J，Gao Y，Luo K，et al. 2018. Impacts of compound extreme weather events on ozone in the present and future. Atmospheric Chemistry and Physics，18（3）：9861-9877.

Zhang K，Liu Z，Zhang X，et al. 2022. Insights into the significant increase in ozone during COVID-19 in a typical urban city of China. Atmospheric Chemistry and Physics，22（7）：4853-4866.

Zhang K，Xiu G，Zhou L，et al. 2018. Vertical distribution of volatile organic compounds within the lower troposphere in late spring of Shanghai. Atmospheric Environment，186：150-157.

Zhang K，Zhou L，Fu Q，et al. 2019. Vertical distribution of ozone over Shanghai during late spring：A balloon-borne observation. Atmospheric Environment，208：48-60.

Zhang L，Li Q，Wang T，et al. 2017. Combined impacts of nitrous acid and nitryl chloride on lower-tropospheric ozone：New module development in WRF-Chem and application to China.

Atmospheric Environment，218，116950.

Zhang M，Tian W，Chen L，et al. 2010. Cross-tropopause mass exchange associated with a tropopause fold event over the northeastern Tibetan Plateau. Advances in Atmospheric Sciences，27：1344-1360.

Zhang X，Kong Y X，Li H，et al. 2022. A sensitive simultaneous detection approach for the determination of 30 atmospheric carbonyls by 2,4-dinitrophenylhydrazine derivatization with HPLC-MS technique and its preliminary application . Chemosphere，303：134985.

Zhang Y，Huang Q，Guo K，et al. 2023.Tropopause folds over the Tibetan Plateau and their impact on water vapor in the upper troposphere-lower stratosphere.

Zhang Y，Li J，Yang W，et al. 2022. Influences of stratospheric intrusions to high summer surface ozone over a heavily industrialized region in northern China. Environmental Research Letters，17（9）：094023.

Zhang Y，Xue L，Carter W P L，et al. 2021. Development of ozone reactivity scales for volatile organic compounds in a Chinese megacity. Atmospheric Chemistry and Physics，21（14）：11053-11068.

Zhao K，Huang J，Wu Y，et al. 2021. Impact of stratospheric intrusions on ozone enhancement in the lower troposphere and implication to air quality in Hong Kong and other South China regions. Journal of Geophysical Research：Atmospheres，126（18）.

Zhao T，Markevych I，Romanos M，et al. 2018. Ambient ozone exposure and mental health：A systematic review of epidemiological studies. Environmental research，165：459-472.

Zhao Y，Gao J，Cai Y J，et al.2021. Real-time tracing VOCs，O_3 and $PM_{2.5}$ emission sources with vehicle-mounted proton transfer reaction mass spectrometry combined differential absorption lidar. Atmospheric Pollution Research，12：146-153.

Zhao Y，Zhang L，Zhou M，et al. 2019. Influences of planetary boundary layer mixing parameterization on summertime surface ozone concentration and dry deposition over North China. Atmospheric Environment，20：9525-9546.

Zhao Y，Zhao B. 2018. Emissions of air pollutants from Chinese cooking：A literature review，Building simulation. Springer Berlin Heidelberg，11：977-995.

Zhao Z，Wang Y. 2017. Influence of the West Pacific subtropical high on surface ozone daily variability in summertime over eastern China. Atmospheric Environment，170：197-204.

Zheng B，Tong D，Li M，et al. 2018. Trends in China's anthropogenic emissions since 2010 as the consequence of clean air actions. Atmospheric Chemistry and Physics，18：14095-14111.

Zheng B，Zhang Q，Geng G，et al. 2021. Changes in China's anthropogenic emissions and air quality during the COVID-19 pandemic in 2020. Earth System Science Data，13（6）：2895-2907.

Zheng H，Kong S，He Y，et al. 2023. Enhanced ozone pollution in the summer of 2022 in China:
　　The roles of meteorology and emission variations. Atmospheric Environment，301：119701.

Zheng Y，Jiang F，Feng S，et al. 2021. Long-range transport of ozone across the eastern China seas:
　　A case study in coastal cities in southeastern China. Science of The Total Environment，768:
　　144520.

Zhou C，Ding Y，Huang H，et al. 2022. Meso-level carbon dioxide emission model based on voyage
　　for inland ships in the Yangtze River. Science of The Total Environment，838：156271.

Zhou M，Nie W，Qiao L，et al. 2022. Elevated Formation of Particulate Nitrate From N_2O_5 Hydrolysis
　　in the Yangtze River Delta Region From 2011 to 2019. Geophysical Research Letters，49（9）.

Zhou Y，Yang Y，Wang H，et al. 2022. Summer ozone pollution in China affected by the intensity of
　　Asian monsoon systems. Science of The Total Environment，849：157785.

Zhu B，Huang X，Xia S，et al. 2021. Biomass-burning emissions could significantly enhance the
　　atmospheric oxidizing capacity in continental air pollution. Environmental Pollution，285:
　　117523.

Zhu J，Liao H. 2016. Future ozone air quality and radiative forcing over China owing to future
　　changes in emissions under the representative concentration pathways（RCPs）. Journal of
　　Geophysical Research: Atmospheres，121：1978-2001.

Zhu M，Dong H，Yu F，et al. 2020. A new portable instrument for online measurements of
　　formaldehyde: From ambient to mobile emission sources. Environmental Science and
　　Technology Letters，7：292-297.

Zhu M，Ou J，Liao S，et al. 2023. Characterizing operating condition-based formaldehyde emissions
　　of light-duty diesel trucks in China using a PEMS-HCHO system. Environmental Science and
　　Technology，57：1592-1599.

Zhu S，Poetzscher J，Shen J，et al. 2021. Comprehensive insights into O_3 changes during the
　　COVID-19 from O_3 formation regime and atmospheric oxidation capacity. Geophysical Research
　　Letters，48（10）.

附　　录

附录 1　环境空气质量指数（AQI）（参照环境标准定义）

O_3 的 AQI 评价标准参考原环境保护部发布的《环境空气质量指数（AQI）技术规定（试行）》（HJ 633—2012），具体评级内容如下表所示。

空气质量分指数及对应 O_3 浓度限值

空气质量分指数（IAQI）	O_3 1 小时平均值/(μg/m³)	O_3 8 小时滑动平均值/(μg/m³)
0	0	0
50	160	100
100	200	160
150	300	215
200	400	265
300	800	800
400	1000	*
500	1200	*

注：*表示 O_3 8 小时滑动平均值高于 800μg/m³ 的，不再进行其空气质量分指数计算，O_3 空气质量分指数按 1 小时平均浓度计算的分指数报告。

附录2　图2.1中城市编号与城市名的对应关系

根据 O_3 年评价值由低至高排列：1-怒江州；2-三沙市；3-黑河市；4-大兴安岭地区；5-鸡西市；6-伊春市；7-鹤岗市；8-呼伦贝尔市；9-兴安盟；10-白城市；11-七台河市；12-牡丹江市；13-塔城地区；14-延边朝鲜族自治州；15-双鸭山市；16-齐齐哈尔市；17-佳木斯市；18-甘孜藏族自治州；19-丽江市；20-林芝市；21-普洱市；22-阿勒泰地区；23-儋州市；24-大庆市；25-黔西南布依族苗族自治州；26-西双版纳傣族自治州；27-大理白族自治州；28-三亚市；29-阿坝藏族羌族自治州；30-迪庆州；31-绥化市；32-贵阳市；33-六盘水市；34-临沧市；35-文山州；36-松原市；37-哈尔滨市；38-恩施土家族苗族自治州；39-黔东南苗族侗族自治州；40-保山市；41-楚雄州；42-白山市；43-达州市；44-德宏州；45-锡林郭勒盟；46-黔南布依族苗族自治州；47-防城港市；48-昌都市；49-克拉玛依市；50-通化市；51-巴中市；52-玉树藏族自治州；53-河池市；54-遵义市；55-玉溪市；56-红河哈尼族彝族自治州；57-巴音郭楞蒙古自治州；58-丹东市；59-广元市；60-安顺市；61-陇南市；62-博尔塔拉蒙古自治州；63-本溪市；64-长春市；65-安康市；66-通辽市；67-海口市；68-和田地区；69-龙岩市；70-百色市；71-崇左市；72-攀枝花市；73-昆明市；74-那曲市；75-黄南藏族自治州；76-哈密市；77-五家渠市；78-南平市；79-凉山彝族自治州；80-昭通市；81-固原市；82-朝阳市；83-铜仁市；84-山南市；85-白银市；86-天水市；87-甘南藏族自治州；88-丽水市；89-三明市；90-湘西州；91-汉中市；92-石河子市；93-赤峰市；94-张家界市；95-钦州市；96-毕节市；97-克孜勒苏柯尔克孜自治州；98-舟山市；99-拉萨市；100-日喀则市；101-海南藏族自治州；102-宁德市；103-南充市；104-定西市；105-喀什地区；106-伊犁哈萨克自治州；107-吉林市；108-嘉峪关市；109-金昌市；110-昌吉州；111-阿克苏地区；112-厦门市；113-汕尾市；114-平凉市；115-酒泉市；116-吐鲁番市；117-辽源市；118-新余市；119-梅州市；120-曲靖市；121-乌鲁木齐市；122-四平市；123-南宁市；124-张掖市；125-临夏回族自治州；126-海北藏族自治州；127-果洛藏族自治州；128-海西蒙古族藏族自治州；129-辽阳市；130-黄山市；131-景德镇市；132-玉林市；133-怀化市；134-湛江市；135-茂名市；136-北海市；137-

商洛市；138-武威市；139-台州市；140-巴彦淖尔市；141-乌兰察布市；142-宣城市；143-莆田市；144-西宁市；145-海东市；146-中卫市；147-鞍山市；148-泉州市；149-柳州市；150-延安市；151-抚顺市；152-福州市；153-娄底市；154-汕头市；155-河源市；156-梧州市；157-锦州市；158-阜新市；159-潮州市；160-包头市；161-贵港市；162-重庆市；163-广安市；164-庆阳市；165-石嘴山市；166-沈阳市；167-大连市；168-漳州市；169-雅安市；170-呼和浩特市；171-乌海市；172-阿拉善盟；173-铁岭市；174-抚州市；175-十堰市；176-阳江市；177-揭阳市；178-贺州市；179-遂宁市；180-吕梁市；181-温州市；182-深圳市；183-鄂尔多斯市；184-上饶市；185-来宾市；186-榆林市；187-大同市；188-朔州市；189-兰州市；190-银川市；191-承德市；192-盘锦市；193-鹰潭市；194-宜春市；195-常德市；196-永州市；197-张家口市；198-衢州市；199-淮南市；200-日照市；201-惠州市；202-桂林市；203-吴忠市；204-合肥市；205-九江市；206-泸州市；207-绵阳市；208-六安市；209-萍乡市；210-宜昌市；211-邵阳市；212-益阳市；213-云浮市；214-阿里地区；215-葫芦岛市；216-青岛市；217-孝感市；218-衡阳市；219-岳阳市；220-咸宁市；221-随州市；222-韶关市；223-宝鸡市；224-铜陵市；225-南昌市；226-威海市；227-郴州市；228-金华市；229-赣州市；230-烟台市；231-乐山市；232-营口市；233-宁波市；234-安庆市；235-信阳市；236-荆州市；237-资阳市；238-铜川市；239-连云港市；240-淮安市；241-吉安市；242-南阳市；243-鄂州市；244-阜阳市；245-长沙市；246-珠海市；247-内江市；248-池州市；249-驻马店市；250-襄阳市；251-清远市；252-自贡市；253-芜湖市；254-蚌埠市；255-武汉市；256-宿州市；257-平顶山市；258-三门峡市；259-运城市；260-上海市；261-荆门市；262-湘潭市；263-秦皇岛市；264-忻州市；265-绍兴市；266-德阳市；267-宜宾市；268-马鞍山市；269-亳州市；270-渭南市；271-滁州市；272-商丘市；273-长治市；274-淮北市；275-潍坊市；276-濮阳市；277-周口市；278-黄冈市；279-株洲市；280-宿迁市；281-沧州市；282-阳泉市；283-南京市；284-盐城市；285-杭州市；286-许昌市；287-北京市；288-徐州市；289-洛阳市；290-苏州市；291-泰州市；292-黄石市；293-漯河市；294-眉山市；295-太原市；296-晋中市；297-嘉兴市；298-湖州市；299-菏泽市；300-肇庆市；301-天津市；302-聊城市；303-西安市；304-衡水市；305-临沂市；306-开封市；307-鹤壁市；308-邯郸市；

309-泰安市；310-郑州市；311-安阳市；312-咸阳市；313-临汾市；314-无锡市；
315-常州市；316-南通市；317-广州市；318-晋城市；319-扬州市；320-枣庄市；
321-成都市；322-唐山市；323-保定市；324-济南市；325-新乡市；326-焦作市；
327-廊坊市；328-镇江市；329-济宁市；330-德州市；331-佛山市；332-中山市；
333-东营市；334-滨州市；335-邢台市；336-石家庄市；337-东莞市；338-淄博市；
339-江门市，共 339 个城市。其中超标城市 92 个，序号从 248 至 339。

附录 3　京津冀及周边、长三角地区、珠三角地区、川渝地区、汾渭平原和长江中游城市群包含城市

城市群	城市
京津冀及周边 （46）*	北京市、天津市、石家庄市、唐山市、秦皇岛市、邯郸市、邢台市、保定市、承德市、沧州市、廊坊市、衡水市、张家口市、济南市、青岛市、淄博市、枣庄市、东营市、烟台市、潍坊市、济宁市、泰安市、威海市、日照市、临沂市、德州市、聊城市、滨州市、菏泽市、郑州市、开封市、洛阳市、平顶山市、安阳市、鹤壁市、新乡市、焦作市、濮阳市、许昌市、漯河市、三门峡市、南阳市、商丘市、信阳市、周口市、驻马店市
长三角地区 （41）	上海市、南京市、无锡市、徐州市、常州市、苏州市、南通市、连云港市、淮安市、盐城市、扬州市、镇江市、泰州市、宿迁市、杭州市、宁波市、温州市、嘉兴市、湖州市、金华市、衢州市、舟山市、台州市、丽水市、绍兴市、合肥市、芜湖市、蚌埠市、淮南市、马鞍山市、淮北市、铜陵市、安庆市、黄山市、滁州市、阜阳市、宿州市、六安市、亳州市、池州市、宣城市
珠三角地区 （21）*	广州市、深圳市、珠海市、佛山市、江门市、肇庆市、惠州市、东莞市、中山市、韶关市、汕头市、湛江市、茂名市、梅州市、汕尾市、河源市、阳江市、清远市、潮州市、揭阳市、云浮市
川渝地区 （22）*	重庆市、成都市、德阳市、绵阳市、乐山市、眉山市、资阳市、自贡市、攀枝花市、泸州市、广元市、遂宁市、内江市、南充市、宜宾市、广安市、达州市、雅安市、巴中市、阿坝藏族羌族自治州、甘孜藏族自治州、凉山彝族自治州
汾渭平原 （21）*	晋中市、运城市、临汾市、吕梁市、西安市、铜川市、宝鸡市、咸阳市、渭南市、太原市、大同市、阳泉市、长治市、晋城市、朔州市、忻州市、延安市、汉中市、榆林市、安康市、商洛市
长江中游城市群 （38）*	南昌市、景德镇市、萍乡市、九江市、新余市、鹰潭市、赣州市、吉安市、宜春市、抚州市、上饶市、武汉市、黄石市、十堰市、宜昌市、襄阳市、鄂州市、荆门市、孝感市、荆州市、黄冈市、咸宁市、随州市、恩施土家族苗族自治州、长沙市、株洲市、湘潭市、衡阳市、邵阳市、岳阳市、常德市、张家界市、益阳市、郴州市、永州市、怀化市、娄底市、湘西自治州

注：*表明与《中国大气臭氧污染防治蓝皮书（2020 年）》中有变动的分区情况，红色字体表明新增的城市。

附录 4　图 2.2 中城市编号与城市名的对应关系

根据 O_3 为首要污染物占比按大小排列：1-怒江州；2-呼伦贝尔市；3-甘孜藏族自治州；4-丽江市；5-林芝市；6-普洱市；7-大理白族自治州；8-三亚市；9-阿坝藏族羌族自治州；10-迪庆州；11-贵阳市；12-保山市；13-楚雄州；14-昌都市；15-玉树藏族自治州；16-玉溪市；17-昆明市；18-昭通市；19-山南市；20-日喀则市；21-塔城地区；22-阿勒泰地区；23-锡林郭勒盟；24-酒泉市；25-巴音郭楞蒙古自治州；26-哈密地区；27-和田地区；28-定西市；29-白银市；30-吐鲁番地区；31-鹤岗市；32-伊春市；33-安康市；34-克拉玛依市；35-齐齐哈尔市；36-五家渠市；37-鸡西市；38-白城市；39-大庆市；40-黑河市；41-大兴安岭地区；42-兴安盟；43-七台河市；44-牡丹江市；45-延边朝鲜族自治州；46-黔西南布依族苗族自治州；47-六盘水市；48-临沧市；49-文山州；50-恩施土家族苗族自治州；51-巴中市；52-安顺市；53-阿克苏地区；54-克孜勒苏柯尔克孜自治州；55-嘉峪关市；56-喀什地区；57-张掖市；58-固原市；59-昌吉州；60-博尔塔拉蒙古自治州；61-乌鲁木齐市；62-伊犁哈萨克自治州；63-武威市；64-石河子市；65-绥化市；66-金昌市；67-南充市；68-哈尔滨市；69-佳木斯市；70-松原市；71-中卫市；72-达州市；73-天水市；74-临夏回族自治州；75-宣城市；76-海南藏族自治州；77-双鸭山市；78-汉中市；79-海东地区；80-平凉市；81-黄南藏族自治州；82-乌海市；83-甘南藏族自治州；84-巴彦淖尔市；85-石嘴山市；86-西宁市；87-商洛市；88-凉山彝族自治州；89-宝鸡市；90-本溪市；91-庆阳市；92-通辽市；93-阿拉善盟；94-兰州市；95-广元市；96-渭南市；97-南阳市；98-吴忠市；99-平顶山市；100-孝感市；101-运城市；102-宜昌市；103-丹东市；104-张家界市；105-广安市；106-银川市；107-襄阳市；108-朔州市；109-三门峡市；110-长春市；111-淮南市；112-娄底市；113-泸州市；114-辽阳市；115-吉林市；116-常德市；117-铜川市；118-咸阳市；119-西安市；120-阜阳市；121-益阳市；122-锦州市；123-濮阳市；124-包头市；125-抚顺市；126-驻马店市；127-开封市；128-延安市；129-许昌市；130-洛阳市；131-邯郸市；132-商丘市；133-荆州市；134-六安市；135-随州市；136-鹤壁市；137-漯河市；138-信阳市；139-宿州市；140-海西蒙古族藏族自治州；141-

十堰市；142-荆门市；143-亳州市；144-鄂尔多斯市；145-阳泉市；146-安阳市；
147-淮北市；148-阜新市；149-菏泽市；150-自贡市；151-大同市；152-吕梁市；
153-四平市；154-周口市；155-邢台市；156-蚌埠市；157-辽源市；158-新乡市；
159-呼和浩特市；160-九江市；161-遵义市；162-百色市；163-崇左市；164-毕节
市；165-石家庄市；166-晋中市；167-临汾市；168-乐山市；169-铜陵市；170-铁
岭市；171-合肥市；172-榆林市；173-沈阳市；174-重庆市；175-太原市；176-郑
州市；177-宜宾市；178-葫芦岛市；179-保定市；180-鄂州市；181-衡水市；182-
淮安市；183-焦作市；184-忻州市；185-乌兰察布市；186-安庆市；187-聊城市；
188-盘锦市；189-遂宁市；190-徐州市；191-日照市；192-芜湖市；193-怀化市；
194-鞍山市；195-南昌市；196-柳州市；197-长治市；198-池州市；199-朝阳市；
200-长沙市；201-营口市；202-宿迁市；203-雅安市；204-武汉市；205-临沂市；
206-连云港市；207-岳阳市；208-湘潭市；209-天津市；210-萍乡市；211-枣庄市；
212-德州市；213-陇南市；214-海北藏族自治州；215-廊坊市；216-济宁市；217-
河池市；218-沧州市；219-淄博市；220-泰安市；221-内江市；222-株洲市；223-
潍坊市；224-通化市；225-咸宁市；226-邵阳市；227-晋城市；228-大连市；229-
绵阳市；230-唐山市；231-钦州市；232-黄冈市；233-北京市；234-资阳市；235-
济南市；236-马鞍山市；237-滨州市；238-滁州市；239-果洛藏族自治州；240-赤
峰市；241-白山市；242-防城港市；243-攀枝花市；244-黄山市；245-眉山市；246-
成都市；247-德阳市；248-烟台市；249-衡阳市；250-来宾市；251-秦皇岛市；252-
鹰潭市；253-扬州市；254-青岛市；255-湘西自治州；256-永州市；257-东营市；
258-张家口市；259-南京市；260-黄石市；261-泰州市；262-承德市；263-镇江市；
264-南平市；265-丽水市；266-新余市；267-南宁市；268-绍兴市；269-常州市；
270-抚州市；271-温州市；272-桂林市；273-苏州市；274-金华市；275-三明市；
276-台州市；277-盐城市；278-威海市；279-嘉兴市；280-湖州市；281-铜仁市；
282-杭州市；283-南通市；284-无锡市；285-郴州市；286-宁波市；287-衢州市；
288-玉林市；289-云浮市；290-上海市；291-宁德市；292-贵港市；293-福州市；
294-贺州市；295-韶关市；296-莆田市；297-宜春市；298-吉安市；299-北海市；
300-河源市；301-梧州市；302-阳江市；303-江门市；304-上饶市；305-中山市；
306-东莞市；307-三沙市；308-儋州市；309-西双版纳傣族自治州；310-黔东南苗

族侗族自治州；311-德宏州；312-黔南布依族苗族自治州；313-红河哈尼族彝族自治州；314-海口市；315-龙岩市；316-那曲市；317-舟山市；318-拉萨市；319-厦门市；320-汕尾市；321-梅州市；322-曲靖市；323-景德镇市；324-湛江市；325-茂名市；326-泉州市；327-汕头市；328-潮州市；329-漳州市；330-揭阳市；331-深圳市；332-惠州市；333-阿里地区；334-赣州市；335-珠海市；336-清远市；337-肇庆市；338-广州市；339-佛山市，共 339 个城市。其中 O$_3$ 为首要污染物天数占比超过 50%的城市有 175 个，序号从 165 至 339。

附录 5　臭氧 WHO 短期和峰值季节指导值

指导值	全年评价 O_3-99Per/(μg/m³)	峰值季节评价 O_3 8 小时滑动平均/(μg/m³)
IT1	160	100
IT2	120	70
AQG	100	60

附录 6　图 2.9 中城市编号与城市名的对应关系

　　1-北京市、2-天津市、3-石家庄市、4-唐山市、5-秦皇岛市、6-邯郸市、7-邢台市、8-保定市、9-承德市、10-沧州市、11-廊坊市、12-衡水市、13-张家口市、14-济南市、15-青岛市、16-淄博市、17-枣庄市、18-东营市、19-烟台市、20-潍坊市、21-济宁市、22-泰安市、23-威海市、24-日照市、25-临沂市、26-德州市、27-聊城市、28-滨州市、29-菏泽市、30-郑州市、31-开封市、32-洛阳市、33-平顶山市、34-安阳市、35-鹤壁市、36-新乡市、37-焦作市、38-濮阳市、39-许昌市、40-漯河市、41-三门峡市、42-南阳市、43-商丘市、44-信阳市、45-周口市、46-驻马店市、47-上海市、48-南京市、49-无锡市、50-徐州市、51-常州市、52-苏州市、53-南通市、54-连云港市、55-淮安市、56-盐城市、57-扬州市、58-镇江市、59-泰州市、60-宿迁市、61-杭州市、62-宁波市、63-温州市、64-嘉兴市、65-湖州市、66-金华市、67-衢州市、68-舟山市、69-台州市、70-丽水市、71-绍兴市、72-合肥市、73-芜湖市、74-蚌埠市、75-淮南市、76-马鞍山市、77-淮北市、78-铜陵市、79-安庆市、80-黄山市、81-滁州市、82-阜阳市、83-宿州市、84-六安市、85-亳州市、86-池州市、87-宣城市、88-广州市、89-深圳市、90-珠海市、91-佛山市、92-江门市、93-肇庆市、94-惠州市、95-东莞市、96-中山市、97-韶关市、98-汕头市、99-湛江市、100-茂名市、101-梅州市、102-汕尾市、103-河源市、104-阳江市、105-清远市、106-潮州市、107-揭阳市、108-云浮市、109-重庆市、110-成都市、111-德阳市、112-绵阳市、113-乐山市、114-眉山市、115-资阳市、116-自贡市、117-攀枝花市、118-泸州市、119-广元市、120-遂宁市、121-内江市、122-南充市、123-宜宾市、124-广安市、125-达州市、126-雅安市、127-巴中市、128-阿坝藏族羌族自治州、129-甘孜藏族自治州、130-凉山彝族自治州、131-晋中市、132-运城市、133-临汾市、134-吕梁市、135-西安市、136-铜川市、137-宝鸡市、138-咸阳市、139-渭南市、140-太原市、141-大同市、142-阳泉市、143-长治市、144-晋城市、145-朔州市、146-忻州市、147-延安市、148-汉中市、149-榆林市、150-安康市、151-商洛市、152-南昌市、153-景德镇市、154-萍乡市、155-九江市、156-新余市、157-鹰潭市、158-赣州市、159-吉安市、160-宜春市、161-抚州市、162-上饶市、

163-武汉市、164-黄石市、165-十堰市、166-宜昌市、167-襄阳市、168-鄂州市、169-荆门市、170-孝感市、171-荆州市、172-黄冈市、173-咸宁市、174-随州市、175-恩施土家族苗族自治州、176-长沙市、177-株洲市、178-湘潭市、179-衡阳市、180-邵阳市、181-岳阳市、182-常德市、183-张家界市、184-益阳市、185-郴州市、186-永州市、187-怀化市、188-娄底市、189-湘西州、190-呼和浩特市、191-包头市、192-乌海市、193-赤峰市、194-通辽市、195-鄂尔多斯市、196-呼伦贝尔市、197-巴彦淖尔市、198-乌兰察布市、199-兴安盟、200-锡林郭勒盟、201-阿拉善盟、202-沈阳市、203-大连市、204-鞍山市、205-抚顺市、206-本溪市、207-丹东市、208-锦州市、209-营口市、210-阜新市、211-辽阳市、212-盘锦市、213-铁岭市、214-朝阳市、215-葫芦岛市、216-长春市、217-吉林市、218-四平市、219-辽源市、220-通化市、221-白山市、222-松原市、223-白城市、224-延边朝鲜族自治州、225-哈尔滨市、226-齐齐哈尔市、227-鸡西市、228-鹤岗市、229-双鸭山市、230-大庆市、231-伊春市、232-佳木斯市、233-七台河市、234-牡丹江市、235-黑河市、236-绥化市、237-大兴安岭地区、238-福州市、239-厦门市、240-莆田市、241-三明市、242-泉州市、243-漳州市、244-南平市、245-龙岩市、246-宁德市、247-南宁市、248-柳州市、249-桂林市、250-梧州市、251-北海市、252-防城港市、253-钦州市、254-贵港市、255-玉林市、256-百色市、257-贺州市、258-河池市、259-来宾市、260-崇左市、261-海口市、262-三亚市、263-贵阳市、264-六盘水市、265-遵义市、266-安顺市、267-铜仁市、268-黔西南布依族苗族自治州、269-毕节市、270-黔东南苗族侗族自治州、271-黔南布依族苗族自治州、272-昆明市、273-曲靖市、274-玉溪市、275-保山市、276-昭通市、277-丽江市、278-普洱市、279-临沧市、280-楚雄州、281-红河哈尼族彝族自治州、282-文山州、283-西双版纳傣族自治州、284-大理白族自治州、285-德宏州、286-怒江州、287-迪庆州、288-拉萨市、289-昌都市、290-山南市、291-日喀则市、292-那曲市、293-阿里地区、294-林芝市、295-兰州市、296-嘉峪关市、297-金昌市、298-白银市、299-天水市、300-武威市、301-张掖市、302-平凉市、303-酒泉市、304-庆阳市、305-定西市、306-陇南市、307-临夏回族自治州、308-甘南藏族自治州、309-西宁市、310-海东地区、311-海北藏族自治州、312-黄南藏族自治州、313-海南藏族自治州、314-果洛藏族自治州、315-玉树藏族自治州、316-海西蒙古族藏族自治州、317-银川市、318-石嘴山市、319-

吴忠市、320-固原市、321-中卫市、322-乌鲁木齐市、323-克拉玛依市、324-吐鲁番市、325-哈密市、326-昌吉回族自治州、327-博尔塔拉蒙古自治州、328-巴音郭楞蒙古自治州、329-阿克苏地区、330-克孜勒苏柯尔克孜自治州、331-喀什地区、332-和田地区、333-伊犁哈萨克自治州、334-塔城地区、335-阿勒泰地区、336-石河子市、337-五家渠市、338-三沙市、339-儋州市。

附录 7　重点城市群区域性污染发生频次及涉及时间范围

区域	年份	一天内最多超标城市数	超过 1/3 城市同时超标事件频次	首次超过 1/3 城市同时超标事件出现时间（月/日）	末次超过 1/3 城市同时超标事件出现时间（月/日）
京津冀及周边（46）	2015	33	24	4/25	8/13
	2016	33	33	4/30	9/23
	2017	46	65	4/30	9/23
	2018	43	74	3/25	10/6
	2019	45	98	4/4	10/3
	2020	43	69	4/15	9/26
	2021	40	58	4/8	10/2
	2022	45	74	4/8	9/30
长三角地区（41）	2015	21	10	4/25	10/16
	2016	24	14	4/14	9/9
	2017	34	37	4/23	9/18
	2018	33	38	4/18	10/7
	2019	36	58	4/18	11/2
	2020	38	28	4/14	9/20
	2021	35	35	4/19	10/2
	2022	35	52	4/7	10/22
珠三角地区（21）	2015	15	6	4/15	10/15
	2016	11	8	7/24	11/5
	2017	16	17	4/29	10/26
	2018	17	17	3/23	10/9
	2019	21	40	5/11	11/24
	2020	14	19	4/9	11/6
	2021	15	13	2/23	10/19
	2022	16	48	2/27	11/13
川渝地区（22）	2015	8	1	4/28	—
	2016	9	3	5/5	8/24
	2017	13	6	5/19	7/11
	2018	16	12	4/9	8/27
	2019	17	17	4/7	8/26
	2020	17	19	4/27	8/28
	2021	18	14	4/30	8/4
	2022	15	24	3/11	8/20

区域	年份	一天内最多超标城市数	超过 1/3 城市同时超标事件频次	首次超过 1/3 城市同时超标事件出现时间（月/日）	末次超过 1/3 城市同时超标事件出现时间（月/日）
汾渭平原（21）	2015	7	3	5/24	5/27
	2016	12	12	3/19	7/6
	2017	18	59	5/1	8/17
	2018	17	48	4/19	8/29
	2019	19	68	4/3	9/30
	2020	17	49	4/27	8/30
	2021	19	50	5/9	9/13
	2022	17	47	5/5	9/18
长江中游（38）	2015	13	1	10/18	—
	2016	18	2	9/22	9/23
	2017	27	7	5/29	9/18
	2018	31	12	5/9	10/8
	2019	34	35	5/23	10/4
	2020	27	8	4/28	9/7
	2021	20	11	5/2	9/28
	2022	34	32	4/10	10/23

附录 8 臭氧污染生态影响暴露剂量评价指标

分类	O₃暴露剂量指标	计算方法
平均指标	M7	9:00—16:00 的 O₃浓度平均值
	M12	8:00—20:00 的 O₃浓度平均值
加权指标	AOT40	日间 O₃小时浓度值超过 40ppb 部分的累积值
	SUM06	O₃小时浓度值超过 60ppb 的累积值
	W126	Sigmoidal 曲线加权函数
生物学指标	POD$_Y$	植物叶片单位面积通过气孔吸收 O₃通量超过 Y nmol·m^{-2}·s^{-1} 部分的累积值

附录 9　简化的臭氧化学生消机制

臭氧、NO、NO₂ 基本光化学循环反应：

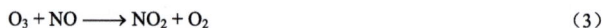

$NO_2 + hv\ (\lambda < 420nm) \longrightarrow NO + O(^3P)$	（1）
$O(^3P) + O_2 + M \longrightarrow O_3$	（2）
$O_3 + NO \longrightarrow NO_2 + O_2$	（3）

自由基引发反应：

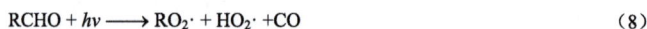

$O_3 + hv\ (\lambda < 320nm) \longrightarrow O(^1D) + O_2$	（4）
$O(^1D) + H_2O \longrightarrow OH\cdot + OH\cdot$	（5）
$HONO + hv\ (\lambda < 400nm) \longrightarrow OH\cdot + NO$	（6）
$O_3 + alkenes \longrightarrow OH\cdot + HO_2\cdot + RO_2\cdot$	（7）
$RCHO + hv \longrightarrow RO_2\cdot + HO_2\cdot + CO$	（8）

自由基传递反应：

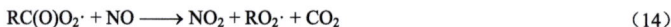

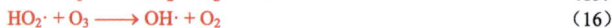

$CO + OH\cdot \longrightarrow H_2O + CO_2$	（9）
$VOCs + OH\cdot \longrightarrow RO_2\cdot + H_2O$	（10）
$RCHO + OH\cdot \longrightarrow RC(O)O_2 + H_2O$	（11）
$HO_2\cdot + NO \longrightarrow NO_2 + OH\cdot$	（12）
$RO_2\cdot + NO \longrightarrow NO_2 + RCHO + HO_2\cdot$	（13）
$RC(O)O_2\cdot + NO \longrightarrow NO_2 + RO_2\cdot + CO_2$	（14）
$OH\cdot + O_3 \longrightarrow HO_2\cdot + O_2$	（15）
$HO_2\cdot + O_3 \longrightarrow OH\cdot + O_2$	（16）

自由基终止反应：

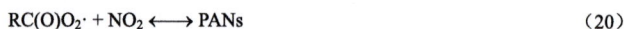

$HO_2\cdot + HO_2\cdot + M \longrightarrow H_2O_2 + O_2 + M$	（17）
$HO_2\cdot + RO_2\cdot \longrightarrow ROOH + O_2$	（18）
$OH\cdot + NO_2 + M \longrightarrow HNO_3 + M$	（19）
$RC(O)O_2\cdot + NO_2 \longleftrightarrow PANs$	（20）

注：红色表示臭氧的化学去除过程。